办公室升职笔记

小职员的成功之道，中层干部的奋斗宝典，办公室的生存新哲学！

尚文◎著

重庆出版集团 重庆出版社

目录

序：潜伏在职场狼群

羊性管理第一守则　跟跑战术：不做头狼也能成功

最重要的永远是控制野心　　2
- 看清危险胜过发现机会
- 控制野心不等于没野心

战无不胜的老二哲学　　7
- 没有100%的把握，别争第一
- 战无不胜的老二管理法：羊是怎么驾驭一群狼的
- 做不了老大，就做最优老二

披着羊皮的狼：知足常赢，无欲而强　　17
- 想要圆满，只有放下欲望
- "无欲而强"的管理之羊

必要的跟跑战术：跟屁虫最安全　　23
- 永远相信有些人比你聪明
- 成功的人只向别人学习经验，失败的人只向自己学习经验

服从，体现你的执行力　　32
- 绝对服从是最有效的价值投资
- 体现绝对服从与坚决执行的唯一信条：认真第一，聪明第二
- 执行力并不体现在简单的服从

不可或缺的超级替补　　　　　　　　　　　40
　　·超级替补的十大优势
　　·历史的教训：徐阶与严嵩的故事

羊性管理第二守则　说话的艺术：管好这张嘴

谨言慎行：赢家通吃的羊准则　　　　　　46
　　·第一忌：温柔一刀
　　·第二忌：斤斤计较
　　·第三忌：交浅言深
　　·第四忌：越俎代庖
　　·第五忌：信口开河

Watch your back！你最好小心后面　　　　56
有些事做了再说　　　　　　　　　　　　61
于事无补就不要争辩　　　　　　　　　　66
不做糊涂虫，该说也得说　　　　　　　　70
　　·对上司：不合理命令如何化解？
　　·对下属：得寸进尺怎么办？

羊性管理第三守则　做人的潜规则：做对人才能做对事

温顺，但不是百依百顺　　　　　　　　　76
　　·山羊不发威，当我是病猫
　　·狼的本性：远之则怨，近之则不恭

老板有面子，你才有价值　　　　　　　　80
　　·不要显摆自己做过什么

- 不要只做上司让你做的事，更要做那些你应该做的事

风头留给同事，实惠留给自己　　87
正确对待其他人的弱点　　92
- 时刻考虑对方的自尊心
- 别在失意者的面前谈论你的得意

防人之心不可无　　97
- 别做傻瓜的小绵羊
- 杯弓蛇影的防人误区

羊性管理第四守则　人脉为本：朋友多了好办事

最有用的朋友　　102
- 什么样的通讯录价值千金？
- 寻找贵人真的那么难？
- 有规划地开拓人脉

善待每一个人　　107
怎样增进关系？　　112
- 沟通的有效方法
- 增进关系的十件武器

交朋友要有长远目光　　119
- 不要做只能同富贵不能共患难的势利眼好吗？
- 经营人脉资源的五大原则
- 为自己的人脉设定分类

羊性管理第五守则　冷静制胜：看清前进方向，强过豪情万丈

走错方向的头狼会很惨　　　　　　　　　　　128

明确自己的目标：你想得到什么？　　　　　　132

・确立一个正确目标并围绕它开始工作

・"正确地做事"与"做正确的事"

长赢之道：野心别太大　　　　　　　　　　　135

・分权和授权的管理，有利于下属发挥主观能动性

・最大的原则是绝不允许滥用权力

羊性管理第六守则　严于律己：把事情做到最完美

珍惜每一个机会　　　　　　　　　　　　　　142

・首先，在发现机遇时尽快进入市场

・该出手时就出手，找到理想中的合作伙伴

专业就不会失业　　　　　　　　　　　　　　145

・让自己在某些方面不可或缺

・最忌讳眼高手低

别放过任何细节　　　　　　　　　　　　　　151

・发展：从关注细节中发现机会

・生活：细节决定我们的一生

・为商者：去被大商家遗忘的角落寻找大商机

重要的事最优先　　　　　　　　　　　　　　157

・羊性成功的战略：一次只做一件事

・三步管理法：提升自己的时间效率

我不是天才,却比你勤奋	163
·羊不是天才,但是羊勤奋	
·人们眼中的"庸才"通常比天才耐久	

羊性管理第七守则　低调的姿态:强者不需要强势

成为一个合格的倾听者	170
·有效率的倾听:表达自己的思想和接受他人的观点	
·认真地倾听:同时提出高质量的问题	
别得罪小人,不管你有多强	174
·小人是职场中山狼	
·聪明羊如何处理和中山狼的关系	
领地守则:到位不要越位	180
·别对自己的分外事指手画脚	
·越位的原则:做事需要深藏不露	
·越位的底线:别做不该自己做的事	
·只做你可以胜任的工作	
让每个人都喜欢你?	187
·在交谈时展示魅力	
·不要试图一个人做好所有的事情	
·学会真诚地赞美他人	

羊性管理第八守则　危机感:把自己当成穷人

今天最重要	194
每天都有危机感吗?	200

失败的时候放声大笑 　　　　　　　　　　　207
不抱怨你才能脱颖而出 　　　　　　　　　213
　　·主动找到方法，才能让自己突出重围
　　·抱怨一定会让好机会溜走

羊性管理第九守则　每天进步一点：谦虚助你改变命运

每个同事都是老师 　　　　　　　　　　　222
面子是怎么得到的 　　　　　　　　　　　228
"我已经很出色了吗？" 　　　　　　　　　234
　　·先做好职业规划，然后合理地安排充电
　　·要避免充电的错误倾向

序

潜伏在职场狼群

现在,太多的人只做狼不做羊,结果却一事无成,这就告诉我们,身在职场,不会隐藏自己是不行的。

每个人都关心,如何才能在险恶的职场生存?的确,现今的职场,比以前的间谍面临的环境更加糟糕,说是凶险也不为过,因为你分不清谁是敌,谁是友,哪个是机会,哪个又是陷阱。我们都是在狂涛骇浪里、在狼吞虎噬中潜伏着的职场小人物,或者是胸怀大志的职场小红人,心想着大干一场,却稍不留神就被别人吃掉。

更严重的问题是,似乎很少有人懂得在狼群中潜伏的积极意义,因为大部分人都觉得,只有尽力向前挤,在独木桥上拉风地拼斗,"十步杀一人,千里不留行",踏着重重"尸山"傲然前进,才是取胜之道,才不至于落于人后。

现实真的如此吗?显然不是,而且恰好与人们美丽的想象相反。

在职场,我们大体可以把大部分人分为两种:一种是羊,一种是狼。

羊和狼都想崭露头角，跑马圈地，在适合的位置上叱咤风云。毕竟，有谁不想成为优秀员工？有谁不想得到老板的器重呢？是的，没有人不想。问题是，怎样才能实现自己的职场目标？于是，有的人选择了做狼，而有的人，则选择做羊。

到底什么是狼什么是羊？

残忍是我们对狼的评价，独行侠也是狼性的一贯特色，据内蒙古的牧民讲，狼其实不像书上讲的那样，真正的狼很少团队作战，它们大多数时间只独来独往，就像一只幽灵。所以，职场中的狼大概就是这样，不择手段、无情地去对待自己的竞争对手，使尽一切办法，用尽一切的力气，去夺取利益。像一本畅销书的开头对皇帝朱元璋的描写："我的是我的，你的也是我的。"

羊又是什么样呢？人们的第一印象或许是这四个字：逆来顺受。一个职场羊，他总是唯唯诺诺，事事听从公司或者上司领导的安排，不敢发出一句反抗或异议。我觉得，这只是一种人们心目中传统的印象，并不是真正的羊的形象和做羊的智慧。现实中的羊，它非常善于团队生存，从不冒险，但也绝不落后，我们如果用一个文化的概念来形容，就是"中庸"。说到这里，我们也许就能发现：羊的智慧，其实非常适合高级管理工作，同时也是最大的生存智慧。

对新加入职场的人来说，如果你想做狼，你会发现你是最弱的狼。这是必然的，因为你年轻，而且没有经验。这时如果你想把自己变成狼，那么对不起，你很快会被人咬死。就算一只老资格的小蚂蚁，它也有办法灭掉你，因为你没有生存的根基。所谓的理想、野心，都没有着落，完全没有扎根的资本。那么，你只有一个选择，就是做羊，延长自己生存的时间，创造最安全的生存条件。

每个人都会面临这样的问题，因为职场是竞争最残酷的地方，它远比真正的战场复杂，许多事都是雾里看花，不是身佩刀剑就能赢，也不是你气势充足就可以不战而胜。因此，每个人都应该改变自己旧有的观念。与其说，我们要成为一只狼或者单纯的羊，不如说在我们真正强大之前，应该学会在狼群中潜伏，以一种踏实认真的态度使自己找到一条正确的路线。

我们要有很好的心态，要有行动力和执行力，而且，我们初入职场，要首先学会做一个配合型的员工、忠诚型的下属，以及温和的羊性领导，取得最大的资源支持，然后你才有做头狼的本钱。

通常来说，有的团队是羊的领导领着狼往前冲，有的团队则是狼的领导领着羊。这是很简单也是比较大众化的两种分类。哪一种搭配的效果最好呢？我认为通常是前者，而且必须是把自己打扮成羊的狼领导。因为一个团队如果将全部的希望都寄托在狼性领导的身上，将是极为危险的。独断专行的领导经常能在最短的时间创造最大的成绩，但却让团队患上领袖依赖症，使得下属的才华无法全部释放，总是处在被压抑和支配的状态。久而久之，就成了一种很难解开的困结：这是某一个人的团队，而不是大家的团队。

现实中，我在商场打拼着，同时也接触过很多的成功企业家。我的印象恰恰与许多书上讲的相反，真正成功的领导和高级管理者，在他们的身上往往找不到一丝狼性。他们的胸怀非常宽广，做人非常阳光，从来不搞阴谋手段和地下的东西，你甚至看不到太强烈的野心，完全没有狼性那种残酷和冷血的一面。所以事实就是，伟大的成功者往往并不是按照狼的生存方式生存的，起码相当一部分不是这样。如果我们一天不能洞悉这个事实，那么就会在这种误解中耽误自己一天！

对职场新人来说，怎样与狼共舞？

首先，你要做好本职工作，不怕从小的事情做起。越是简单的事情，就越不容易做好，长期静下心来、始终做得很好，那就更不容易了。现在许多刚从学校毕业的大学生，进入单位后就嚷着要做大事，要承担大岗位、大责任，可他连稍微有些技术含量的工作都做不了。嘴上在做狼，一出手却是眼高手低，连他瞧不上的一只羊都比不了，他又怎么能得到认可呢？最后就是，他什么都做不了，不吃掉他吃谁？这就是职场炮灰。

其次，作为职场新人来讲，最主要的是，他要让自己具备责任感。很多员工一到六点钟就准点下班了，享受生活，不管公司的死活。但也有些人，他们默默地加班一直到八九点钟，直到事情做到他的能力极限，将工作做到最好为止。假以时日，他的负责态度一定会让上司和老板感到满意，他的能力也会一点点地培养起来。

可能刚入职场时，两个人的能力没有任何差别，但这种完全不同的工作心态，不用很长时间，就会使两人出现巨大的差距。两种不同的态度，铸就不同的未来。做羊者一定得到好的回报。他可能做一件或两件事情的时候，老板看不到，但他坚持下去，大家一定会看得到，并且肯定给予他最公正的评价。如此一来，他将得到更多的锻炼机会。

最后，始终以平和积极的心态面对工作，我们不要太急于证明和显示自己，将低调和专注保持到底。因为急躁冒进往往会事与愿违。我见过很多职场新人，通常他们有一个毛病，就是把自己的工作看得太简单了，总是觉得他可以胜任难度更大的工作，渴望承担大任。但事实远远不是这样，任何一个岗位要做得好，都需要很多经验的积累，付出大量的代价，甚至要摔很多跟头，才能达到一个游刃有余的境界，不是我们想象的那么容易。

因此，对一个有志于在职场创造一番成就的人来说，他最先要做的，就是把自己内心嗷嗷叫的狼性迅速收敛，像一只羊儿那样潜伏下来，而且是长期潜伏。他要有平和的心态、积极的态度，要努力地适应环境，和每个人进行沟通，然后抓紧时间提升自己的竞争力。

厚积薄发；先做羊，才能做狼。这正是本书要告诉大家的成功至理！

羊性管理第 **1** 守则

跟跑战术：不做头狼也能成功

最重要的永远是控制野心

在哈佛商学院，无数人讨论着如何像沃伦那样管理伯克希尔或者其他的世界级公司，并比他做得还优秀，我印象最深刻的却是加勒特·萨顿讲到的一个故事：

得州一家电器公司的小老板阿莱士，在1985年得到了一笔巨额资金支持的机会，他的伙伴希望将这笔钱投到他的公司，两人联手收购更大的企业，并且进入股票市场。这是一个美妙的设想，在那个股票疯狂上涨的年代，每天有上万个百万富翁诞生，站在股票交易大厅中的人们，个个眼中放着蓝光，像一条条等着吞噬钞票的饿狼一样，把逐富的梦想变成现实。

"这比小本买卖划算多了，阿莱士，你难道不动心吗？我们翻身的机会来了！"

阿莱士不是没有蠢蠢欲动，但他思考了几个关键问题：1. 我是否有控制和管理大型公司的经验？2. 现在我的财务状况是否急需接受这笔资金？3. 我面前的这个人是否真的可信？

经过一周的思考，他得出了答案：1. 没有；2. 不那么急迫；3. 我不确定。

阿莱士拒绝了朋友的盛情邀请，那人转而去找了其他的合作伙伴，把大笔的钱投入了一家上升势头很好的大公司，成为大股东之一，该公司的股票由此涨得更快了。朋友买了别墅，换了名车，几次奚落并再次邀请他快点加入"最好的赚钱模式"。阿莱士毫不动心，非但如此，他还在当年底解散了电器公司，虽然那不过是几家电器超市。他说服家人将钱存起来，只身到华盛顿，凭借自己多年经营电器销售的经验，在一家日本电器公司做了一名销售主管。

你可能会说：他真让人鄙视！的确，没有谁会傻到从老板主动变成打工仔，但是阿莱士做到了，他是那个疯狂的年代"唯一的傻瓜"，像只可怜的羊一样听到狼叫望风而逃。

1987年，席卷全美的股灾爆发了，股票走势从曼哈顿的摩天大厦楼顶直落地面，伴随着的是百万富翁们的高空跳伞——不，跳楼！阿莱士的好朋友很不幸地选择了自杀，只有他没有受到丝毫损失——如果他不关掉自己的公司，也一定会不可避免地面临破产。

正因他傻子一样的举动，他保存了实力，宝贵的银行存款没有在一夜间变成随风飘散的泡沫。

在人人都想做狼的时候，阿莱士似乎突然嗅到了什么，我们借用巴菲特的一句名言，或许可以这样解释：当别人都想做狼时，你一定要做一只羊，才可保安全无虞。不管你是一名普通员工，还是管理一个部门、一家公司，甚至一个国家。

萨顿对此评价说：只有最聪明的管理者才懂得控制自己的野心，放弃不应得到的东西，在他还没有能力得到之前！

换言之，大多数的成功，都是小心翼翼、瞻前顾后，甚至走三步退两步换来的，而不是传说中的一往无前、披荆斩棘，如堂·吉诃德般做孤胆英雄。理性的成功者需要评估风险，平衡各方利益，为自己和团队创造尽可能安全的可能性，然后方可付诸行动。

公司培训课上，我常问踌躇满志的新员工："说说你们的理想？"

"成为最好的管理者，为公司作更大贡献！"

"努力表现，期待升职以体现自己的价值！"

"将来自己创业，建立像华为那样的一流公司！"

每个人都信心高涨，志存高远。他们或许都读过一些倡导狼性的书，因此热血沸腾，鼓着气、睁大眼、雄赳赳地要来圈地，在领地上留下自己的记号，绝不容许别人染指，哪怕眼下还只身为一个有待锻炼的职场新人，尚不知道成为一匹号令四方的头狼要付出什么样的代价，亦不清楚自我在不同阶段的最优选择。

我期待的答案其实是：做好我该做的每一件事，完成公司交代的每一个任务。

像羊一样管理自己，多干少取，这是伟大成功的第一步。

◆还不是老板并且做不了老板时，就成为最佳员工！

◆没有领跑的经验时，你要先学会跟跑！

◆面对不确定的前景，你要控制并隐藏野心！

对于员工来说，没有什么比这更重要；对于生活而言，这是保证我们做成任何一件事的金玉良言。人只有吃过苦头，才会明白自己只能伏下身，屏声静气悄悄前进，才可真正得到想要的东西，而不是站到大草原上激情地展示内心的欲望。

阿莱士先生就是一只最成功的羊，那个简单的故事告诉我们的其实是最重要的两项品质：

当你不胜任时，果断放弃；

在风暴来临前，趴低身子。

谁说只能做狼才能成功呢？他的朋友留下一屁股债，悲惨地离世，阿莱士却已经是一位拥有丰富危机处理经验的行业专家，他冷静计划了今后的事业，从日本公司辞职，借助从日本人那里学来的经验——美国人称为"保守"和"不思进取"的管理体系、企业文化，他重整旗鼓，在股灾还未过去时，让自己的新公司开门营业了。

十几年后，他成了得州最大的电器销售公司的总裁。这一切，都源于他的谨慎、理性、善于学习以及顺其自然、从不急功冒进的人生策略。

看清危险胜过发现机会

狼如果只看到肉，就会成为猎人的枪下鬼。在某些时候，无为胜有为，什么都不做绝对是最正确的行动。因此即便牙齿最锋利的狼，它也要学习羊的谨慎甚至胆小。

上世纪70年代，香港股市一片利好，兴起一阵要股票不要钞票的投资热，很多投资者卖掉名下房产、金银首饰，将钱投到股票市场，大炒特炒，期待一夜暴富，成为千万乃至亿万富翁。在众人热炒之下，恒生指数一度升至接近两千点的历史高峰，一年的升幅达到了五倍多。

就在这时，有一个人却按兵不动，他就是李嘉诚。他仍然很稳健小心地经营房产业，对热得发烫的股市看都不看一眼，丝毫不动心。因为他看到了股价暴涨背后巨大的风险，他知道股价不可能一直没有终点地升上去，早晚有一天会突然跌落下来，而现在就到了临界点。果不其然，没多久，香港股市就全面下跌，情况就像美国的股灾一样，无数人破产。

有时看上去有百利而无一害时，往往就是危险最大的时刻，这时你需要的是尽可能找到那颗深层炸弹，而不是盛装出席去埋着炸弹的大房间分食蛋糕。所以巴菲特这样的伟大投资家会在人们头脑发热时撤退，成功躲过股市崩溃的灾难，将损失降至最低。他不是"胆小怕死"，他赢在总能战胜市场狂热氛围的诱惑，当人们争着进场时，他能看清其中蕴藏的危险，分辨出这并非真正的机会。

做事前我们应该"未谋进，先谋退"；在机会和诱惑前，先考虑风险，再考虑回报。若是颠倒过来，不排除你能赌对牌。但人生中概率更大的往往是：

竹篮打水一场空，赔了夫人又折兵。

控制野心不等于没野心

成功不但要谋进退，还要谋划全局。一个人若只有理想，那就是空想；若只有冲劲，就只剩冲动了。骑车上坡，得加大力气，但若下坡，你就得控制速度，让自己慢一点。

有位国内的朋友手头有一笔钱，想开一家连锁酒店，咨询我的意见，我告诉他："你首先要想的不是怎么赚到十个亿，而是保住手中这一个亿。"

那时他已经在威海和青岛各开了一家度假酒店，正雄心勃勃地去海南圈地。海南的房地产价格飞升，几乎全国的钱都流向那儿，市场大热，形势很好，他的野心一下被激发了，想搭上顺风船。我坚持建议他再等半年，一定有好戏看。一个有野心把手中的钱翻十倍的人，他就应该有耐心等待六个月。朋友想了一下，点头答应。时间还没过一半，海南的地产业就出现了雪崩。

许多人都信一句话：成功是因为你比别人快了半拍。但我要说的是：成功还可能是由于你刚好比别人慢了半步。

阿莱士和他的朋友一样，也是有野心有理想的创业者，但他恰恰赢在自己的欲望得到了控制，没有盲目急行军。当别人因为走得太快掉下悬崖时，他刚攀上山顶，并且看到了别人失足掉落的全过程。

中国有句古话："其态愈低，其志弥坚。"一个人摆的姿态越低，他的志向可能就是越远大的，神经就是越坚强的，耐力就是越持久的。正因理想远大，实现起来难度较高，所以才更应小心翼翼，收敛锋芒，控制内心迫切的冲动，不急于一时，站稳左腿再迈右腿。

一个懂得控制野心的人，他迈的步伐较慢，速度也不快，但他一定是走得最远、爬得最高的。相反，如果一个实力不足的人制定了雄伟的计划，又太过急于把它实现，那他肯定走不了多远，就会被石头绊倒。

可现在，真理似乎被遗忘了。

对于一个希望获得成功的人来说，学会约束自己往往比"遵从内心的指示"更有意义。野心越大，我们的自控力就应越强。当你看见诱惑时，应该首先为自己配一副眼镜，因为你需要确定那是不是陷阱。

战无不胜的老二哲学

没有100%的把握，别争第一

人人都喜欢做老大，当头狼，呼风唤雨，事事亲为，冲杀在前，风头独盛，让人仰望，在开创事业的过程中获得极大满足感！在人们的常识中，似乎做了老大才是赢家，老二是彻头彻尾的失败者。但是很多人却习惯性地忽视了一个现实问题：

当你能力经验不足，或者时机不对时，老大的位置对你来就是一个陷阱！

一个人在他强大起来之前，安做老二是最好的选择。因为他有机会丰满羽翼，不必因为责任太多而承担不必要的风险。就像世界上最高的喜马拉雅山，险峻寒冷而且充满不可预知的危险，爬在最前面的领头人，不但肩上扛着最大的责任，也是失误和灾难的第一个承受者。小心跟在后面的人，却有时间做出更优的第二判断。

有一则大拇指的故事，讲的便是老大的苦、老大的累。老大就像大拇指，排在最前面，却始终露在外，站起来最矮，忙起来最累。其他四指可以握到一起抱成团，只有大拇指必须在外面遮风挡雨。没有足够的准备，当了老大岂不是受罪？

我当年回国后刚进一家外企工作，就目睹了一场VP之争。公司第一销售部的李经理和第二销售部的张经理，两个人都是后备人选，公司VP就在他俩之间产生。张经理是一个笑眯眯而且大大咧咧的人，和每个人的关系都很好，业绩不错但性格有点平庸。李经理则是另一种人，工作狂，领导欲很强，不久前刚有位公司副总跟他钩心斗角，就硬是被挤对走了，可见他的手段之厉害。

为了升VP，李经理拼了，本就争强好胜的他更加杀气腾腾，使了不少阴招算计张经理。两人碰面的时候更是有好戏看，话里带刺，锋芒直露，李每次都把张弄得下不来台，场面很尴尬。

令我印象极深的，是张经理这个人一点都不在意，他祭出的是两不战术：不争论，不还击。张经理一副大智若愚的样子，在公司当起了乌龟，不紧不慢地完成分内事，天天跟同事老板乐哈哈。

他对形势有着清晰判断，对自己的实力也有明确的认知：无论凭业绩还是手段，他都没有把握击败如此强势的李经理，于是干脆就不争。

时间一长，李经理都不好意思了，伸手不打笑面人，便找他喝茶和解，一笑泯恩仇。人力资源部的评析结果出来，在总裁的支持下，李经理果然顺利当了VP，但他得罪人太多，半年后就被人抓住小辫子，从台上搞了下来，郁闷地离开了公司。作为唯一的替补人选，张经理没有付出任何成本就取代了他，在VP的位置上坐得很稳，我跳槽离开公司时，他又升职了，任公司的亚太区销售总监。

这种实力不足时甘做老二和跟班的哲学，正是一种自知之明！没有100%的把握，宁可暂居人下，也不要出手；先立于不败之地，积蓄实力，再等待时机。因为露头必遭打，还手力不够，抵抗到最后至多是个两败俱伤的局面，白让第三人拣了便宜。还不如和平退让，与"老大"结成同盟，至少保住第二的位置，再等机会。

面对升职的诱惑时，你是否有勇气说这句话："对不起，老板，我觉得自己还需要锻炼，暂时没有能力承担这个职位。"

我相信超过99%的人会毫不犹豫地去切蛋糕，而不是考虑自己的胃口能不能装下。人的眼睛都是向前看的，有了位置就一定要占住，即使自己不去霸占，也不想让别人捷足先登，却不考虑背后是否有把"刀子"——无法胜任的工作对自己来说是最大的隐患。

要知道，狼和羊都是相对的，是不断变化的。一只狼如果放到狮群里也不过是一只羊；一只羊在蚂蚁面前就是庞然大物。即便你拥有头狼的潜质，实力处于下风、形势对你不利时，争做老大的结果也一定是被狮子分尸。老子说："以其不争，故天下莫能与之争。"此时，审时度势做一只不与人争的羊，才是最高级的生存智慧。

正是由于这点，能够获取长期成功的人总是少数。大部分人过早想当老大，结果最后连老二也做不了。

一只山羊准备过河，它会怎么办呢？它胆小而怯懦地站在河边，甚至趴到附近的草丛中，不敢迈出第一步。它不确定河水的深浅，水流的湍急程度，自己是否有足够的力气渡过去，就不会迈出第一步。

山羊选择观察：一头水牛过来了，在河水最深的地方游了过去。我要效仿吗？不，我做不了水牛。一头狼为了追逐猎物冲进河水，很快就淹死了。瞧，那里大概有两米深，还是不行。

直到一只小鹿找到了一个水深不足一米的地方——这时已经牺牲了

很多动物，它们或是死于河水，或是成了旁边狩猎的狮子、老虎的美餐，一切都安全了，山羊慢慢地踱出来，顺利地过河。

山羊这种暂且隐忍的智慧，对我们来说特别重要，即便一次普通会议中都常能用到。老板让你拿方案，大家的眼睛盯着你，有人在盼你出洋相，还有人在悄悄评估你的实力。如果你觉得自己的思路尚有不足，或者临阵有变，同事提出了比你准备的方案更好的市场策略，你是按原计划站出来跟他争个高下，还是闭上嘴巴认输，等下次成竹在胸的时候另决胜负？

一个聪明的人，这时一定不会争一时短长。如果连险胜的把握也没有，那就什么都不要做。不妨跟在他屁股后面，做一个志同道合的附和者，全力支持他的方案，顺便再做些补充。如此，你至少不会有被老板看低实力的风险，还会取得同事的好感。

我开过无数的会，见惯了这种场面。许多人在会议室把自己搞得尴尬无比，进退两难，皆因为他们只会加油门，不会给自己踩刹车。当有一辆车比你快时，若没有把握超过他，你要懂得先为自己保住亚军的位置。

◆一个人能得到亚军，他离冠军就不会太远。

◆一个人瞧不起亚军，他也很难获得冠军。

在与人一争长短之前，我们也要学会自问一下：要做老大，我现在是否罩得住？

战无不胜的老二管理法：羊是怎么驾驭一群狼的

管理者是团队的头，他应该是狼还是羊？管理者学习羊的智慧难道真的非常重要？有些人心理上很难接受，因为他们的领导欲太强，总觉得我要呼风唤雨，说一不二，戴一顶强势的帽子在公司到处招摇。但是一个很普遍的现实是：只有那些愿意把风头留给下属的人，才能取得最大和最持久的成功。

这是因为成功的前提首先是自我定位。看看几千年的中国历史，凡是伟大的成功者，无不是可以先对自己量才为用的人。只有管理好了自己，你才能管理好团队。

在秦末大变局中，楚、汉是实力最强的两个集团，在两个集团的领导者中，项羽的民意呼声和军事实力又是最高的，他远超过刘邦。刘邦在项羽面前，简直就是一只待宰的羔羊，论武功，他走不了两个回合；论霸气，楚霸王的气场岂是他这个街头流氓可比的？论名望，项羽是贵族，刘邦身份低微，更没得比。

但是项羽输了，尸横乌江；刘邦赢了，做了皇帝。原因只有一条：刘邦是团队中的一只羊，非常清醒地给自己找对了位置，从而为手下那帮谋士和军事将领们提供了大展身手的空间。正因他是羊，他懂得听取建议，不会固执地坚持错误，亦不会越俎代庖；正因他当不了战场上的老大，才大胆放心地让真正的"狼"们出去厮杀，他在中军帐耐心等待结果。项羽则恰恰相反，他是一匹优秀的头狼，没人比得上他，事事都要亲力亲为，独断专行。在他面前，所有的人都是"老二"，只有他自己最可信。屈就于单打独斗的老大管理，再好的人才也是欲哭无泪了，败局自然注定。

从管理的角度看，刘邦集团就是一支"聪明的羊驾驭着能干的狼"的团队，项羽集团更像一匹狼领着一群狼，而且还是一只拒绝团队合作的头狼，力可拔山但有勇无谋，缺乏谦虚、理性和甘居人后的羊性。因此有人说，项羽是当时最好的将才，冲锋打仗无人能比，却不是一位合格的帅才，他不适合当领导，尽管他是最凶猛的狼。海尔集团的"教父"张瑞敏有一句很经典的管理格言："高层管理不等于高高在上。"所以始终高高在上的项羽必然结局悲惨。

刘备的例子也很典型。作为三国时代动不动就流眼泪的一位主公，他帐下猛将荟萃，有五虎上将，还有诸葛亮、庞统，个个都是人才，到哪儿都能独当一面做老大，偏偏被他制得服服帖帖，忠心效命，保他这个编席匠称雄一方。

刘邦和刘备这两个人身上有许多相同的典型特征，也正是"老二管理法"的基本原则：

一、承认自己在某些方面的无能是真正的高明

二刘是搞政治的能手，却不是军事天才，但他们的集团在军事方面的表现都可圈可点。刘邦以弱胜强，干掉项羽统一中国，建立汉朝，是因为他重用韩信等人；刘备从一个被人追得到处跑的皇室偏亲，到最后能牢据蜀地，成就帝业，打下这么大的地盘，跟他对诸葛亮、关羽、张飞、赵云等人的信任是分不开的。

这样的领导者，他们承认自己在某些领域不是老大，也没有能力做老大，并知道哪些人可以帮助他完成"自己做不到的事情"。于是，他们能像管理学家柯林斯所说的，"将合适的人请上车，不合适的人请下车"，放手重用那些忠于自己的"行业能手"，给予极大信任，使得集团利益最大化。利用信任所带来的感恩和效忠，以及恰如其分的回报，让群狼甘心情愿地为羊做事。

有些人自命清高，器量小，不肯承认某些方面不如别人，这是他们无法做大的根源。

深圳有个建筑设计行业的商人张某，他从做设计师起家，一个人专做设计时成绩不错，客户积累得多了，就成立了一家公司，准备做大规模。经营公司跟单打独斗有一个明显的区别，就是每个人

只须做自己最擅长的环节，而公司承揽的项目环节众多，需要明确分工协同配合。张某是最好的设计师，但在执行、监理以及成本核算方面，却并不专业。可由于多年养成的习惯，张某自信过了头，在项目的进度中不信任专业的下属，经常自作主张，推翻下属的建议，使得业务一波三折，下属不停地给他擦屁股，堵窟窿。久而久之，客户对他们公司的能力逐渐产生了质疑。

公司做了两年，人才来一波走一波，客户也越来越少，始终没能发展起来，他只好解散公司，又宅到家里自己搞设计去了。

承认自己在某些方面的无知与无能，是一个人走向更高境界的必备素质。没有人可以解决一切问题，不管你是大人物还是小人物，是员工、部门经理还是老板。承认不足，意味着与人分享，也说明你要学会信任。张某就是现代版的项羽，不谦逊和不信任的下场，不但寸步难行，还会遭遇惨痛失败。

二、不越位，不失位，不抢功

这三个关键词怎么解释？无论你如何优秀，不该自己做的事，都绝不逾越，哪怕是最能干的上司，也不要干涉下属的权力范围；该自己的蛋糕，绝不允许别人动一刀；下属有了功劳，千万别伸过去一只手，要让下属做事有荣誉感和成就感。赏罚分明，执行到位；领导看似平和温暖，做人做事却极有原则，让下属亲近的同时又感觉到敬畏。

这是羊的特点，也是刘邦、刘备以及李世民等雄主体现出来的管理风格。

刘邦对韩信的领兵打仗很少指手画脚，倚赖极重，从不越位，并且全力供应他的后勤，又不失位。当韩信帮他打下江山后，又封他为王，兑现承诺，这又是有功必赏。虽说后来杀韩信的招数阴损了点，但在打天下时，他的这三点对驾驭韩信是非常有效的。在这方面，刘备同样高明，他对关张赵等武将的管理，对帅才诸葛亮的使用，无不渗透了这三个原则。

前不久热播的职场大戏《杜拉拉升职记》中，有一个装修的桥段：行政部经理玫瑰接到烫手的装修任务后，扯谎请假跑到了新加坡，把得罪同僚的活儿交给了新来的下属杜拉拉，让她去给自己冲锋陷阵挨枪子。表面上看起来她躲掉了麻烦，但实质上，这就是不明智的失位。看到杜拉拉完成得非常出色，全公司没什么抱怨，上面又非常满意，玫瑰又跑回来居功自傲，好像这全是她一手设计和主持的，这又是抢功。两件事做得都不地道，完全将自己置于被动地位。

如此行事，就是狼的作风，而且是一只没有原则、阴险毒辣的狼，坏事下属扛，好处自己占。而杜拉拉就是一只典型的小山羊，傻傻地干活儿，看似没有抵抗能力，却在这样的过程中得到了巨大的实惠。第一，她得到了实战的锻炼；第二，她赢得了人心。最终她也取代了玫瑰，成为该公司的行政经理。

人们很容易做到不失位，但是不越位和不抢功则难上加难，尤其对那些野心很大的人来说，事事都想抢在自己名下，功劳越大越好。人的本性中，都有做狼的欲望，可以良好控制内心冲动的人，少之又少，所以现在不少部门经理常犯这两个错误：一是管得太多，事无巨细都他自个儿说了算；二是功劳归自己，黑锅下属扛。一次两次还行，时间一长，民心尽失，得罪的人多了，再有能力，也早晚掉坑里。

三、以情动人，以理服人，以威治人

羊性管理有三把刀：情、理、威。犹如中国文化中的"天、地、人"三才，缺一不可。

◆情：兄弟之情，战友之情；只讲情谊，不讲利益；有福同享，有难同当。在名利场、商场甚至在官场，这都极不理性，但却极度有效。像史玉柱、马云、潘石屹，他们在成功的过程中，都有这样的一批人聚拢在他们麾下，听其指挥，行动一致，高度忠诚并且无怨无悔。"情"这一把刀，在创业之始，尤其管用。

◆理：公认之道理，共同之理想；行之有效的制度，保证团队凝聚力的价值观。没有这些，一个团队就是一盘散沙、一群无头苍蝇，即使有利的诱惑，也挺不久，经不起时间的考验。最成功的企业，一定有最伟大的企业文化；最成功的管理者，也一定是制度建设与维护的高手，是员工心目中共同理想的践行者，是共同原则的捍卫者，亦是他们效仿的榜样。

◆威：独一无二的个人威望，赏罚分明的管理风格。一个很牛的管理强人，只让人敬是不够的，还要让人畏。山羊不怒而自威，因为它在情理之外，还有倔犟与刚猛的一面。山羊怒时，犄角向前，不给对手惩罚绝不罢休，但又懂得师出有名，适可而止。这就是羊性管理的"威"，既不会做得太绝，又让人折服，不敢造次。

狼性管理冷血无情，只以利益为判断标准；羊性管理却情理结合，做人做事既讲感情又注重合理性，情理的结合产生巨大的威望，实现管理上的长治久安。狼性扩张之时如同风卷残云，让人惧怕，退避三舍，衰败之时却也如秋风扫落叶，兴亡皆在一瞬间，难以持久；羊性则稳定坚韧，以守为攻，以退为进，以理为基，以情为先，行内敛之威，尚长赢之道，即使一时败退，也不会失掉全部，总能将狼性迅速同化，几千年过去，仍能屹立于世界，占据世界上最富有的地盘。

我们看刘备，关羽张飞与他托生死，桃园交心，兄弟情深，就算刘备再窝囊，也不会背叛；对诸葛亮，刘备动情的同时，更多的是祭出"理"，一个共同的理想，锁住诸葛亮的一生，即便刘备死后，后主无能，诸葛亮仍然鞠躬尽瘁，为这个理想努力了一辈子，累死在五丈原，可见"理"的巨大威力。情动人，理服人，在此基础上再刑赏得当，然后才有"威"，属下敬服，愿效死命，刘备这个卖草席的不当皇帝也难。

他在临死前对诸葛亮的托孤更令人叫绝，将"情、理、威"这三把刀运用得炉火纯青。他把诸葛亮叫到榻前，将刘禅托付给他，让他照顾蜀汉江山，说："我儿子若不成器，你诸葛可取而代之，你来当老大！"诸葛亮扑通跪在床前，泪流满面地大表忠心："臣一定竭心尽力辅佐幼主，绝无异心！否则天打五雷轰！"

这是刘备的管理艺术一次登峰造极的展示，他把儿子托付给他，一方面是对诸葛亮的绝对信任，是"情"，是对两人君臣合作十六年深厚情谊的肯定；另一方面让他来辅佐幼主，是高度肯定诸葛亮的功劳和价值，这又是"理"；最后，他的托孤，将诸葛亮架上了一个无法下台的道德高地，斩断他篡位的可能性，而且诸葛亮当时的表现若稍有不对劲，很可能就会人头落地，这就是"威"，刀锋暗藏，引而不发，是帝王之术的极致，比明目张胆赤裸裸的威胁恐吓要强上百倍也不止。

"情、理、威"兼备，让诸葛亮在他刘家的船上捆了一辈子，至死都不敢懈怠半刻，谁说刘备这只羊只会流眼泪？

做不了老大，就做最优老二

三国时，诸葛亮选择做老二，成了胜过老大的最优老二。袁绍和袁术之流争做老大，都被曹操灭掉了。三国时代横着走路的曹家也想当全天下的老大，最后输给了一直忍着给他曹家做仆人当老二的司马家族。

打天下是这样，当官也一样，办公室里的老二照样是最长久的赢家。君王风光无限，是一国之老大，整日寝食难安生怕哪天让人给篡了位，一天到晚疑神疑鬼。反是那些识时务的良臣，安身自保，耳听八方，步步走稳，屹立朝廷几十年，荣华富贵尊享一生。

在职场，那些斗来斗去争位子的人，结果往往两败俱伤，谁也当不了老大。知道自己实力不够、默不做声甘做老二的，倒能渔翁得利入了大老板的慧眼。

历史经验比比皆是，可是现在的一些中国人偏不信邪，上学读书，父母要求我们要得第一；体育比赛，拿了冠军才有面子；工作了要向上爬，当了科长还有处长，做了经理还想做VP。宁为鸡首，不为牛后；人人喜欢做老大，没人喜欢做老二。最终的结果却是，出头的椽子先烂，受益者总是那些愿居人后的聪明人。

成功是什么？成功就是爬梯子，爬得最快的脚下最不稳，一旦梯子歪了，掉下来就摔得鼻青脸肿甚至粉身碎骨。爬得慢的那个迈一步观察一会儿，稳住底盘再向上，最后就坐到山顶上了。一个自我定位为"老二"的人，潜伏待出，居于弱势却可以占据高位，因此，他们有的是信心、耐心和宠辱不惊的平常心，善于在一个合适的位置等待机会，所以总是战无不胜。

披着羊皮的狼：知足常赢，无欲而强

所谓披着羊皮的狼，就是说作为一只聪明的狼你首先要学会伪装。伪装成什么样？披上人性的羊皮。既然你的职场行事作风已然和残忍、嗜血、强权的狼划上了等号，那你就应该让自己的为人彻底摧毁之前的形象，向羊学习，让自己充满一些以柔克刚的羊性。

老大就可以像狼一样为所欲为吗？这不仅仅是一个管理问题，更是至关重要的生存哲学。最好的管理者未必是最有威势的雄狮或者犀利霸气的头狼，即便你拥有了全世界，你又该如何驾驭自己的财富和面向未来？如今的总裁班，坐满了在各行业叱咤风云的人物，他们不再慷慨激昂意气风发，现在也学会了找道士教知足，拿起佛珠参禅悟道。冷血和贪婪的狼也开始向羊学习，不是因为位置变了，而是由于不懂和谐共赢之道的狼性根本守不住天下，更无法做到持久的强大。只有披上羊皮，实行"你好我好大家好"的羊性管理，才可任尔东西南北风，我自岿然不动。

◆弱小时依靠羊性生存，强大后实施羊性管理。

◆做事要有狼性，但是做人一定要有羊性。

什么是知足心？赚到一千万就收手，抱着钱跑回家，老婆孩子热炕头地过日子吗？这太简单了！或者说，99%的人对于知足心理解有谬误，以为学会知足就是让他马放南山，刀枪入库。其实，我们只需要学会管理自己的欲望，按部就班，顺其自然，不要人心不足蛇吞象。因为让欲望推着自己前进，你就只能以最快的速度走向毁灭，哪怕你无比庞大，钱粮充足，斗志旺盛，若你力不从心地跟着欲望走，胜利也将离你远去。

人的价值，总是在遭受诱惑的一瞬间被决定。马云有句语录就说：上当不是别人太狡猾，而是自己太贪。难道不是吗？今天得到了一条小溪，明天就梦想拥有大海，后天就想将全世界装进自己的口袋。看看多少倒下的巨人，是毁在自己的贪心上！

《山海经》中那个老掉牙的故事，现在的老总们有几个还记得？说的是古时四川有一条蛇，头大口大，囫囵吞下一头大象以后，消化了三年，才吐出大象的骨头来，这条蛇差点被大象胀死。由此可见，即便是神话中的大蛇，吞下一头大象，肠胃也并不好受，一般的蛇，当然更是不自量力了。

人的贪欲好比一个黑洞，你填进去的东西越多，它的力量就越大，能够吸进去的东西就会更多。

春秋时期，齐景公手下有三个天生神力、骁勇无匹的勇士将军，分别是：田开疆、古冶子、公孙接。这三个人结为兄弟，自称"齐邦三杰"。这兄弟三人自恃无礼，简慢公卿，甚至对君主也极不尊重，齐景公慑于其武力，隐忍不发，宰相晏婴为此感到深深地隐忧。

于是晏子向齐景公建议除掉三杰，齐景公虽然爱惜三杰勇力，但这威胁到自己的地位与安危，也只得同意。一日，晏子准备停当后，由景公宣召，说要赏赐它们。

三杰兴冲冲地赶来，看到案几上一只精致的雕盘里盛放着两个娇艳欲滴的大蟠桃。晏子对他们说："这是百年难得的仙果，但现在只有两个桃子，只有请你们根据自己的功劳来分这两个桃子了。"

为了品食到蟠桃，公孙接和田开疆首先将自己的英勇壮举罗列出来，然后取桃而食之。在一旁的古冶子坐不住了，怒道："你们杀过虎，杀过人，够勇猛了。可是要知道俺当年守护国君渡黄河，途中河水里突然冒出一只大鳖，一口咬住国君的马，拖入河水中，别人能吓蒙了，唯独俺为了让国君安心，跃入水中，与这个庞大的鳖怪缠斗。为了追杀它，我游出九里之遥，一番激战要了它的狗命。最后我浮出水面，一手握着割下来的鳖头，一手拉着国君的坐骑，当时大船上的人都吓呆了，没人以为我会活着回来。像我这样，是勇敢不如你们，还是功劳不如你们呢？可是桃子却没了！"说完挥剑自刎了。

公孙接和田开疆听完满脸羞愧，自觉论及勇猛，不及古冶子，两人羞愧之下，双双拔剑自刎了。

晏平仲"二桃杀三士"的计策固然使得妙绝，但计策之所以能够成功，究其原因，还是这兄弟三人心中贪欲太盛了。

"知足常足，终身不辱；知止常止，终身不耻。"《增广贤文》中的此语，便是教育我们要调整好心态，防止人性贪婪的弱点突破了安全边界，取代理性的你替你做出看似美妙实际错误的决定。所有头狼悲惨的死亡都在告诉我们，无论做什么，取得了多大的成功，面对多么大好的形势，一个人都要把握好度，谨慎地前行，像狼那样就算吃饱了也要把所有的猎物都咬断喉咙的做法，不给自己留一丁点后路，那么最后你就没活路。

只有把握好度，谨慎前进，总有一扇窗户在背后常留，我们才能从容应对，才不至于在摔跤时意外地跌破眼镜，大呼冤枉。不然，就会出现"败给自己而不是敌人"的后果。

想要圆满，只有放下欲望

前几年中国股市火热异常时，全中国的投机家都眼睛发光，拼了命地往里挤，好像这是一座取之不尽、用之不竭的金山。深圳的李总也坐不住了，准备拿出一大笔钱入市，满怀期待兴致勃勃。他是一家年收入两百万的小公司老板，以前和我一起厮混过美国硅谷，无论从哪方面看，他都是货真价实的成功者。但他希望更成功。

我像受过伤害似的，老生常谈地提醒他，股市有风险，入市须谨慎。只要你参与股市，就与风险结下了不解之缘，野心越大，风险就越高。特别是中国的股市，不知害惨了多少英雄好汉。

"老李，你真的很需要计划中从股市赚取的这笔钱吗？"

他要拿到至少两倍的利，这是他的入市计划。

"我不需要，但我觉得可以尝试，为什么别人可以，我就不可以？"

他只是想满足自己内心的欲望，既然我能够一年收入两百万，实体经营我做得很好，为什么不能在股市上证明自己呢？征服了一座小山，就想去征服另一座更高的山，人性如斯。但他没有看到巨大收益的另一面，是不可承受的风险。很多投资者在买卖股票时，往往只想收益，不考虑一旦失败，会付出什么代价，对亏损的心理准备不足（更多人是潜意识逃避亏损的概念，为自己编织虚幻的假象）。因此股票套牢，损失惨重，膨胀的欲望不但未能得到满足，反而大步倒退，一次失败就跌回起点，永不翻身。

有些赔光家产的股民精神崩溃，走向了极端，不能接受失去所有的结局，但他之前在想什么呢？任何行业的投资者都不应该把所有的鸡蛋都放在一个篮子里，这是彼得·林奇的投资哲学。他告诉我们，应该将用于投资的资金按照收入型、增长型和平衡型进行分配，特别是不要在看到股市行情好的时候便投入全部的家底，甚至借钱炒股，这样就会面临很大的风险。

最好的管理哲学亦是如此。公司刚在北京成立时，我请了一位美国专家费利给公司部门经理以上的管理人员上培训课。培训教室就设在我的办公室斜对面，两周时间里，我没有过去旁听过一次，他爱讲什么就讲什么好了，除非他有希望我听到的内容。

费利有一次问我："Mr 尚，您对培训内容一点都不感到好奇吗？""虽然这是我关心的内容，但我不需要用这种方法，它会在今后的工作中用实际的效果告诉我。"

我为什么要在这种不必要的举动上展现我的控制欲？让下属轻松地去听课不好吗？"老板的阴影"在与不在，对员工来说是截然不同的两种环境。在员工之间的那个世界，老板的出现意味着某种压力。我不想充当那个让人暗中嫌恶的"怪物"——只为了监督他们是怎么听课的。

费利大发感慨："您真是一位美式的管理者，一点也不像中国的老总。"

但是显然，这并非原装进口的美式智慧，而是华夏文明的源文化。我们的古人就常说："无欲则刚。"没有欲望你就坚不可摧，剔除那些不正的欲望，你就可以纵横天下，没人能够击败你。

可是真正能做到的中国人又有几个？

如果心中有太多的要求，你就会将关注的欲望撒满每一个角落，恨不得给公司的每个人身上都装一部监控器。管理者的欲望太多了，永远得不到满足，就像眼前挂着只胡萝卜的驴一样，不但让人讨厌，而且最终会淹死自己。

"无欲而强"的管理之羊

欲望的可怕在于，当它满溢出来时，一个人将为此完全改变。看看我们身边，多少人因为受过打击，再也没办法站起来，他们每天斤斤计较于多上了几分钟的班，工资少了那么一点点，待遇没有别人好。不要说升职考试，就连好好做好自己工作的心都不想再有了。只在乎为什么得不到，却不曾想到，痛苦的根源恰恰是自己要求太高了。

1. 错误源于过度的欲望：

对管理者来说，当你做对时没人会记得，当你做错时又没有人会忘记。一个多欲的管理者，恰恰会将自己推向错误累累、焦头烂额的境地。

2. 管理的本质：

重要的不是管，是理。羊性管理的高明之处，在于我们不必将下属的责任扛在自己的肩上。创造足够的空间，你就能在山坡上悠闲地享受如期而至的阳光。

3. 狼性和羊性的选择题：

野心必须关在栅栏里才合乎团队利益，贪婪必受惩罚。真正高明的生存智慧不是无休无止的掠夺，而是潜伏。学会像披着狼皮的羊一样潜伏在狼群中，管理自己的欲望，我们才能找到正确的方向，而且总能解决突如其来的各种问题。

必要的跟跑战术：跟屁虫最安全

许多人崇尚并且追求冲刺在前，争当第一名，不屑于跟跑。不能拿第一名就意味着失败，中国人和日本人大都这么想。我们的教育在鼓励高分学生；竞争的唯一目标是爬到最高位；成为大佬的标志是开风气之先。看看我们身边，有几个人不是在拼命地往前挤，想着办法当那个第一名？

可是在我看来，领跑不一定幸福，而且也不一定安全。"跟跑"的好处却至少有三条：

◆犯错少

对于创业者和可挥霍资本很少的人来说，尽可能地少犯错，就是在尽量接近正确。人生最重要的问题从来都不是成功，而是生存，因为生存就是最大的成功。当你没有足够的资本犯错误时，一旦选择和判断出现失误，在竞争激烈的狼群中，你就等于失去了生存的机会。

◆风险低

学习前辈的经验，路上有现成的脚印可以套在自己的脚上，为什么非去赴汤蹈火做炮灰？沿着安全路线不紧不慢地向前走，就不必太担心突然射过来的未知子弹，对于我们来说这有多么重要！尤其对于职场新人，对于没有足够实力和经验掌控大局的人而言，做第二虽然出头比较慢，却比争做第一早早掉下独木桥要强得多。"枪林弹雨出英雄"，这话听起来很漂亮，但揭开"漂亮的纱巾"你就会看见，英雄的脚下是炮灰，诗意的背后是无数的尸骨。没有谁能保证自己不会成为那个可怜虫，不会成为替英雄做嫁衣的垫脚石。

◆走捷径

美国的国际商业机器公司（IBM）有一套自己独特的营销策略，它几乎不研发新产品，而是等到其他公司的新产品问世后，立即派出员工，好像该公司的市场调查员一样，跑到市场上去征求用户对该产品的意见和建议。根据这些信息，公司迅速地开发出更适销对路的"新产品"。他们推出的新产品，经常比其他公司的产品设计得好，顾客更喜欢，于是后来者居上，老二抢了老大的买卖。

听起来真是没有新意，他们完全是一个跟屁虫，像战场上怕死的士兵，头顶一口大锅，跟在勇敢士兵的后面，沿着枪林弹雨最少的路线向前谨慎前进。听听他们怎么说的："我们有意在技术上落后两三年，把产品的试用和打开市场的工作让别人来做，而后根据试用反映和市场反馈，再来研究设计自己的新产品。这样一来可以有效避免走弯路，减少在人力、物力、经费和时间等方面的浪费。"这是成功者坦诚告之的"跟跑战略"：有那些不怕死的狼在前面替我杀出一条血路，我坐享其成，还有什么比这更划算的生意经？

"善人者，不善人之师；不善人者，善人之资。"两千多年前的老子此言，已经肯定了该公司的策略。向能者学习，用他们的思维和角度来分析问题，采取行动，弥补自己的不足，有什么比这更高效呢？更重要的是，它可以帮助我们以最低的成本找到最快的捷径，规避风险，并最大限度从中获益。

日本的丰田汽车，其发展也得益于此。当日产汽车公司动用大量的人力、物力和资金成功开发、生产出"SANI"大众化的汽车后，竞争对手丰田公司不但没有因为落后一步而垂头丧气，反而对此欣喜若狂，因为日产公司铺天盖地的宣传激起了人们对汽车的兴趣——这让丰田公司从中看到了一个千载难逢的有利时机。"我们可以搭顺风车了！"他们充分研究了"SANI"汽车的优缺点，节省了大量前期研发费用的"卡罗露"版汽车就此面世，投放市场后供不应求。日产公司的人目瞪口呆："我们好像是丰田的广告部门？"

被称为日本"银座犹太人"的藤田冈，一生取得的成就让日本企业家疯狂膜拜。但他也是成功的跟跑者，而且努力让公司的每个人都像他一样重视跟跑思维，提升学习和模仿的能力。他为了让下级学会观察和思索别人行为的成败之处，规定每月由公司出钱，选择一部最新而且富有训练经商头脑价值的电影，命令全体员工都必须去看，如果无特别的原因而缺席者，便从薪水中扣除一张电影票的钱。重要的是，他本人也不例外，次次到场，认真专注地投入进去。

藤田冈说："我并不是想否定创造的作用，而是借此告诉员工，既定的成例和被证明卓有成效的经验，才是产生价值的大部分生产力。"

一个人的掌控力总是有限的，是世界上最有闯劲的狼又怎么样？总不可能面面俱到，躲过任何一个微小的陷阱。冲在最前面不一定获得最丰富的猎物，反而最有可能成为子弹命中的对象。对成功者来说，重要的是吸收多数人的经验，获得更广阔的思维空间，而不是执著于"我是不是第一个"。

你观察过一只羊在草原上怎么走路吗？它小心翼翼，左顾右盼，看准了才迈出自己的蹄子。它很少踏入陌生的草丛和河沟，也不会脱离羊群兴奋地寻找一条新路，而是踏着以往的脚印，沿着其他羊走过的路线，或者跟在头羊的身后，循规蹈矩，毫无创造性。它或许一辈子都难以发现新的草原，但它一定活得很安全，并且丰衣足食。只要不遇到大雪冰寒，它就不会饿死。在冰天雪地的西部山区，我们经常发现狼的尸体，却很少能看到饿毙的羔羊。在最恶劣的环境中，看似弱势的一方却拥有比强势群体更大的生存机会，这是为什么？因为谨慎的选择往往强过冒险的开拓。

当你不能承受巨大代价时，你为何不去追求积小成大，反而还要一味地崇拜和痴心地体验那种冒险的刺激呢？理想主义者大多都是以悲剧收场的，凡能走到最顶峰的，几乎都是现实主义的信徒。因为方法永远强过口号。

永远相信有些人比你聪明

很显然，当你怀着"只有我可以当仁不让"的心态走在狼群最前面时，你离掉下悬崖就不远了。跑在最前面的人未必就是最聪明的，他还可能最傻，是被跟跑者利用的工具，而不是真正意义上的带头人。

这样的例子在体育比赛中屡见不鲜。比如韩国的游泳运动员朴泰桓，他曾经以3分41秒86的成绩，不负众望地夺得奥运会400米自由泳金牌，成了韩国人的骄傲。他的战术就非常明确，在起跑阶段并不占据任何优势。面对着中国强手张琳和澳大利亚自由泳名将哈克特，他一直很"低调"，只是慢慢地跟随，同时凭借着自己良好的体力，保证自己绝不被甩下。这也正是赛前他与自己的教练制定好的"跟跑"计划。

400米游泳与田径的400米跑很类似，都属于速度和耐力必须兼备的项目，朴泰桓本身的情况有一些特殊，因为他是游1500米出身，所以相对来讲，在耐力上他占据了一定的优势。前100米时，澳大利亚选手哈克特将朴泰桓和中国选手张琳甩在了身后。但是朴泰桓并没有过分心急，仍然按部就班地贯彻自己的计划。他知道只有结果的"第一"才是真正的第一，开始游得再快，也只是暂时的领先。

后发制人的战术被朴泰桓运用得十分完美，200米后，他开始发力，这是赛前教练鲁珉相对他的要求。鲁珉相赛前就说："一定要在200米之后利用耐力上的优势，开始进行超越。"200米之后，朴泰桓的臂展和打水频率都开始快了起来。在前 200 米，他是曲臂打水，这是为了相对节省体力，并保证一定的速度，不至于被远远落下，而在 200 米后，朴泰桓开始直臂打水，这是他加速的一个征兆。250 米后，他超越了哈克特一个头，而中国选手张琳被落下了一个身位。这之后，他一直处于领先状态，并且开始冲刺。在 350 米转身时，他已经奠定了胜利的基础，最终夺得冠军。

游泳比赛还只是跟跑战术大显神威的例子之一，在马拉松比赛中，这个战术更被运用得淋漓尽致，我们经常可以看到运动员会形成"第一方阵"和"第二方阵"。一个有趣的现象是：最后取得冠军的往往是开始时屈居"第二方阵"的运动员，开始时跑在最前面的人，到终点线时大多都落在了后面，上气不接下气地勉强保持住"第二方阵"的成绩。聪明而有经验的运动员，他们在大部分的赛程中都处于"跟跑"的位置，所以可以清楚地看见"第一方阵"的一举一动，并依据其变化很好地把握赛程，保持速度，调节自己的节奏。另一方面，因为不是领先者，他们比领头羊所承受的心理压力也相对较小，又因为一直处于引弓待射、蓄而不发的良好状态，积蓄的体能有利于在最后冲刺阶段爆发。

所以，领跑者经常最后被反超，跟跑者大多后发制人，超越领头羊得到冠军，笑到最后。这并非偶然，而是一种科学成熟的经验。

成功的人善于向别人学习经验，失败的人只向自己学习经验

凡是伟大的持久的成功者，均懂得利用他人的前车之鉴，参考别人的各种经验，从中寻求适合自己的策略。模仿从来都不丢人，刻意的特立独行才天真而愚蠢。很多失败者之所以被淘汰，恰恰因为他不但固执，而且自大自恋，事事一定要自己去闯，把并不充裕的资本消耗在大量的没有回报的环节，结果就是头破血流。

在这里我可以提醒你，大赢家的制胜谋略，有时无非就是两点：

◆甘居人后的策略性：人们都有对胜利的独占欲，并把暂时的领先当做一种光荣。所以跑在前面的人害怕有人超过他，也最讨厌紧随其后的家伙，对其排挤打压是预料之中的。但如果你故意示弱，表现出不能也不想和他竞争的态势，他就可能放过你，或者与你形成某种形式的战略同盟。

◆伺机超越的决断力：采取聪明的谋略，在跟跑中得到领跑者适当的认可与帮助，逐步壮大。随着力量的积蓄，当机会合适时，你就能伺机一举超越对手，成为名副其实的终点领头羊。第二和第一的区别有时只是一个数字，问题的关键在于你是否有了足够的实力，而不是"我想做就做"。

此策略，我举一个很有参考性的例子：

江苏某市有位名叫陈芳的女孩，她从开一家肉食品小店到办成食品连锁公司的经历，就是一次真正的跟跑者击败领跑者的经典案例。

陈芳高中毕业后就走上了社会，学历低，找工作很不顺利。有一次她到城里亲戚家小住，看到一家副食店卖酱鸭翅的柜台前排了很长的队伍。亲戚说，这是陈芳所在的县一家小厂生产的，味道非常好，因此在城里非常受欢迎。一连几天，陈芳每每路过这家店，就会看到排队的长龙，一排就是两三个小时，来晚的人时常买不到。生意火暴，当然意味着财源广进。陈芳很羡慕，也想照着做。但她同时很清楚，虽然自己能吃苦肯学习，可是最大的弱点却是对市场不了解，没有市场敏感度，更说不上经营管理的体验，除了满腔热情，可谓是两眼一抹黑，什么都不懂。该怎么做呢？陈芳的第一个决定是，在动手之前搞清楚，如何做才能让自己获取到利润。

她先找到了这个小厂，托人送礼进去当了一名普通的车间工人。来到这里就为一件事：学习。她白天摸索了解货源、制造工艺、酱料的调配和送货渠道等，晚上再回家试着制作。等她将自己的酱鸭翅调弄得差不多了，请来品尝的人都点头称是，觉得味道不错之后，陈芳马上辞职回家，预备自己生产。她的第二个决定是：既然这家厂子已经打出了名气，有了现成的模式，那么我就在创业之始，全部向它看齐。

对方从哪里批进鸭翅，她就去哪里进货，这样可以保证原料的质量与对方一致；对方生产的酱鸭翅味道什么样，她也向他们靠拢，这样可以缩短消费者认知的进程；对方在城里的哪个街道铺货，她就尽量选择同一街道的另一家副食店，这样可以省下自己开拓市场的成本。

唯一不同的是，她总比这个小厂晚一个小时送货，甘于落后。这么做的目标，是为了告诉对方，自己仅仅是一个无关紧要的尾随者，不会对他们形成挑战，让对方放松防范，不把她当做潜在的对手。

跟进战术的实施，使她的创业进程非常省心和顺利。由于那家小厂的酱鸭翅在城里早就出了名，天天很多人想买而买不到，所以陈芳这种跟着铺货的方法正好让她捡了一个漏，省下了她开拓市场的成本，拉来了大批消费者。小厂的厂长知道后，没有把她一个小小的个体户放在心上，陈芳的心里踏实了。开始她天天只送一家，后来慢慢发展到五家、十家，不到一年的时间，只要是这个小厂在城里选的销售点，走不出两三百米，就一定可以找到陈芳的酱翅售卖点，她第一阶段的跟跑，就赚了二十多万元。

那家小厂后来又增加了酱烧鸭掌、酱烧鸭头等产品。陈芳却并没有马上跟进，她知道，跟跑的最大优势就是在后面能清楚看到前面所发生的事情，以及这些事情所带来的后果。既然是跟，就不能心急，必须学会等待，什么好卖，她再决定跟什么。她交代送货的伙计，让他们天天送完货后不要马上返回，一定要等到小厂的售卖点的商品卖完后才回来，统一向她汇报"情报侦查"的结果。比如，哪些售卖点是最先上新产品的，卖得怎么样，有没有特别受欢迎的，陈芳把反馈一一记在小本子上。等到那些新产品销售半个月之后，她才斟酌自己是否要增添新品种，先增添哪些品种，先送到哪个售卖点。

　　两年过后，陈芳最初的酱食小作坊的规模已经发展得与那家小厂不相上下了。她开始着手小规模地拓展市场，占据对手以前没有铺货的街道和社区。此时，她也已经揣摩出了一种新的酱料，生产出来的鸭翅味道更香浓。但是，她并不急于将这种鸭翅推向市场，而是一边等候时机，一边持续研制着属于自己的新品种。又过了一年，陈芳的资金积累已经到达了将近50万元，新厂房也已经竣工，她对市场销售渠道和销售环境等更是了然于心，这才准备发力，一举超过那家小厂——自己昔日的跟跑对象。她扩招员工，将产量提高到了平日的五倍，产品的品种由五种增加到了十一种，其中不但有老品种，还新增了她自己研制的新品种。同时，她将送货的时间也进行了调整，提前了整整两个小时，还专门增添了一次上午的送货。现在，陈芳当初紧跟着的那家小厂，早已不是她的对手。她跟跑的目标换成了更优秀的强者，一家大型酱食连锁店。

　　总是比对手晚一个小时送货，希望转达的就是这样一个信息：我所寻求的仅仅是你们剩余的空间，无心也无胆量跟你们竞争。所以从一开始，她的跟跑就获得了巨大的空间，没有引起对手足够的重视，使她能够在对手的眼皮底下静静地发展壮大。

从这个案例看，"跟跑"节省时间，有现成的经验可以汲取，不必花大精力去做新创造和发明，是我们在追赶的过程中压缩投入成本的最好方法。

第一，不用费心斟酌市场环境，研究消费者，因为对手已经做了这一切。这十分适合初创业者和刚开始做一件事的人来借鉴，因为经验不足，对于市场的需求往往把握不住，采取张望的态度，审慎地注目对手的一举一动，进行追随，是一种明智的策略。像陈芳，她只需要跟在对手的身后，对手在哪里卖得火，她就在哪里卖。卖的同时又非常讲究策略，丝毫不引起对手的注重。这是对对手开拓市场的巧妙利用，一步就跨越了新产品上市消费者所需的认知进程，将风险降到了最低，节省了大批市场开拓的成本，同时也减去了产品反复试验所带来的损耗，相应地加大了利润。

第二，跟跑者在实力逐渐累积增加以后，如何有策略地攻占对方的市场，也大有讲究。这个案例中，陈芳表现出了极有城府的一面。在与对手发展得旗鼓相当时，她先采取侧面迂回的方法，在对手尚未来得及涉足的市场试水，运用和试验自己开拓新市场空间的措施。在实力不济或尚未有完整把握争胜之时，她避免与对方在有限的市场空间正面交锋，等到时机成熟，再进行强力反超。最后当她蓄势而来，全力出击时，对手基本已经没有还手之力了。

从利润的角度讲，跟跑战术不但省力，无效成本减少了，利润率也相对较高。成本最小化，对于竞争者来说这是多么宝贵的优势！

有的决定一瞬间就可以做出来，但它可能是错误的。所以请记住，果断未必就是优点。

有些人行动总是慢一拍，但他步步正确，因为当前面的人掉下去之时，他及时看到了悬崖。

务实的"跟进"战术让我们懂得应变，尽可能将事情做得稳妥，但这绝不是懦夫哲学。懦夫只会观望，不知道聪明地选择最佳路线。务实的"跟进"是羊性智慧的精髓，抢得先机有时是我们成功的武器，有时又会让我们第一个掉进陷阱，成为别人的垫脚石，为人作嫁。做生意不是骑士决斗，不是你死就是我活；做生意是共赢，且不必讲究名次——如果你非要追逐名次的话，也要看清自己当前的实力。我们甘居于"第二方阵"，目标并不是一辈子当老二或者老三，而是暂时在次位上最大程度地谋求好处，积蓄力量，不走弯路，看准之后再全力一击。

比尔·盖茨有句话说得好："先为成功者工作，再让成功者为你工作。"如果你连前者都做不到，还谈什么利用强者助你成长？

服从，体现你的执行力

★会服从才会管理

★会服从才有希望

★有执行力才有效率

★承担得起才有成绩

我把这四句格言写在了公司的大厅内，每天员工来上班，都会从它们旁边经过。我想起到什么作用？非常简单，让所有的人看清自己的定位，包括我自己。每当头脑发热的时候，看到这四句话就清醒了。因为重要的不是理想和目标，而是服从和执行。

法国的作家雨果说："绝对服从是一种勇气。"在我看来，服从不仅是勇气，而且是一种最为宝贵的执行力。羊群听从主人的驱使，毫无反抗地去到主人划定的区域，是懦弱和无能吗？像狼一样奋勇抗争或者夹起尾巴逃跑，就会得到好的结果？很多人只看到独断专行与个性张扬的优点，却很容易忽视它们背后更加致命的缺陷——如果你不明白到底是谁在掌控自己的命运。

绝对服从是最有效的价值投资

在谈到管理或者成功学时，人们往往只注意到决策、控制的技术以及计划的可行与否，执行却是一个长期被人们忽视的主题，对那些需要展示自己执行力的人尤其如此。有时我们会看到，形势迫切要求一个人扮演听话和任劳任怨苦干的角色，他却醉心于营造一种唯我独尊的局面——我最好能让别人去干活儿，因为这意味着成功。

不可否认，有无数的人拥有卓越的智慧，他们想法多，聪明且灵活，善于谋划全局，头脑精明，判断力强，理想伟大，但是，为何大多数人都成了帮助成功者汲取教训的"炮灰"呢？只有那些懂得如何执行的人才获得了成功！

无数的企业拥有伟大的构想和雄心勃勃的计划，只有那些懂得如何执行的公司获得了成功！

体现绝对服从与坚决执行的唯一信条：认真第一，聪明第二

自以为聪明的人一生都在想办法，总是在想如何找到更好的办法超过对手，而不是通过认真做事成为赢家。于是在他一生即将结束时，他发现所有的时间都浪费在了计算成本上，那些马上去做并且毫不犹豫的人，早就站在了山顶，得到了他想要的一切。

前段时间我在看《员工精神》一书时，对其中的一句话感触颇深："下属服从于上司，是上下级开展工作，保持正常工作关系的前提，是融洽相处的一种默契，也是上司观察和评价自己下属的一个尺度。因此，作为一个合格的员工，他必须服从上司的命令。"

参加过军训的人应该都明白，军队文化的根本之要义，也正是我们讲的这个词：服从。在部队，下级必须严格服从上级的命令。所以军队从来都是人类最强大的团队，具有无坚不摧的纪律性和最恐怖的效率。

对军队来说，服从是第一天职，效率第一，否则就可能流更多的血，死更多的人，导致战争的失败，在羊性管理中，服从第一仍然是最高理念。每个人都必须具备服从的素质，唯有如此才能提高团队的执行力，才能保证团队目标的实现。即便这个要求是多么不合理，你的最佳选择也不是抗争，而是"做完再说"。如果抱着想干就干，不想干就不干，各自为政，各行其是的想法，这个团队就是一盘散沙，干不成什么大事。

小李在公司里的表现很出色，各方面综合素质和能力都受到了同事们的肯定和赞同，但是，小李却是一个坚持己见、个性独立的人，完全不顾上司的感受和想法，只是站在自己立场上想问题，也从未想到要改变自己对上司的态度和自己的行事风格。由于没有处理好与上司的关系，经常与上司闹矛盾，甚至顶撞上司，结果与很多本来属于自己的机会失之交臂，升职加薪更是无望。到这家单位两年多了，小李的前途依然渺茫，除非领导更换，否则他将没有出头之日。为此，他心里非常气愤，也后悔自己一开始就没有和领导把关系处理好，不然凭自己的本事一定可以做出一番成绩。

作为一个有志于长远目标的职场人，必须以服从为第一要义，不懂得服从，没有服从思维，就不能从容和长久立足。可以说，服从是一个人在职场上生存的第一本领。

服从绝非一味温驯，在坚决执行和体现效率的过程中，你会发现自己最想看到的那部分价值：

对于团队，你具有什么样的意义？

你可以如何做，来获得最大的报酬？

你是万能的吗，有需要弥补的缺点吗？

怎样用最好的方式融入团队整体目标的实施？

此时如果你善于观察，就不难发现，大到一个国家、军队，小到一个公司和部门，任何事情的成败，都和"服从"有关。当你聪明地运用服从思维时，你就成功地化身为一只潜伏在狼群中的羊。你很听话，执行力强，能领悟并贯彻一切工作的程序，从中学到最丰富和最深刻的知识、技能与判断力。

1.员工的服从，首先是"尊重上司"。

对员工来说，尊重最基本的上下级关系，是他首先要做的。上司和下属在工作中的地位身份不同，处理问题的着眼点和目的不一样，在评估具体的事项时，视角和采用的标准当然也不会相同，作为下属，有时你认为上司的想法是错误的，不过是因为你并不能完全理解上司的意图，只是站在自己的利益需求点去"强迫"上司按你的想法采取行动。

老板一定就是罪大恶极、欺压你吗？上司难道真的在跟你过不去吗？就算是又怎么样，你用犄角去顶他吗？如果是，你将每天都失去工作，永远是长不大的狼崽，被丢弃在草原上，虽然敢张嘴咬人，呲起牙齿唬人，却不过是临死前的挣扎，没人会害怕一头落单和不理智的野狼。

从事军旅生涯的职业军人，都以服从命令为第一天职。同样在职场中，员工也应该以服从老板命令作为自己的天职。老板是整个公司的领袖，是最权威的人物，他直接关系到你在公司的去留、升值和加薪。如果你敢质疑老板的权威，搞不清上司与下属的关系，认为你比他聪明，比他有眼界，不服从老板的命令，自行其是，那么你将面临的结果必然是从公司和组织中失去应有的位置。

三国时候，祢衡才名闻达于诸侯，可是他恃才傲物，性格傲慢刚毅，孔融爱惜他的才华，将他推荐给曹操。只因曹操对他礼数怠慢了一些，没有给他备座，惹得他将曹操帐下的文臣武将贬低得一文不值，曹操自然是勃然大怒，于是借机将他遣送到刘表帐下。祢衡到了荆州见了刘表，表面上给他歌功颂德，其实暗含讥讽，亦被刘表所厌弃，又令他去江夏见黄祖。黄祖是个暴烈性子，哪容得他如此狂傲无礼，最后黄祖杀害了弥衡。

这个故事让我们明白：没有哪一个老板喜欢不听话的下属，即便你才华横溢，满腹经纶，老板也不会看你一眼。

现实中，我们都曾经遇到过这种事，在你看来，"那个做我领导的家伙可恶极了，他一点本事没有，只会溜须拍马，唯上是从，然后来压迫我们，让我们替他卖命，真是可气"。你越想越冲动，最后就抵制他的命令，拒不执行，或者阳奉阴违，执行效率很低，和上司发生矛盾，进一步使事态扩大。这样的事情发生多次，自然就引起了上下级之间的情绪型对抗，最后导致整个工作的开展不顺畅甚至失败。

即便你的本质是条狼，这么做，对你有好处吗？答案是没有，一点都没有。

2. 其次，任何时候都要理解上司。

人和人之间需要理解，不理解就没有合作。换位思考正是羊性管理的优点。一只狼在被人驱赶时，它永远不会去体悟人是什么心情。公司是竞争才能生存的组织，它绝不是慈善机构。因此，它的成败和利益除了关系到公司的所有者，还关系到每一个员工的利益，至少不会只关联于你，这使得公司成为必须不断面临压力的组织。没有压力，公司慢慢就会失去存在价值。要生存下去，要在残酷的竞争中立于不败之地，这种压力必须层层传递和分解，平均分摊给每个人。公司的每一个决定都必须要考虑是否会给集体利益带来风险，是否会使公司的投入变得毫无价值，通俗一点说，决策人总要考虑是否浪费了老板的钱。那么，职位越高的人，他面临的压力就越大，面临的实际情况就越发复杂，因此当他们在处理某些事情时，难免会有情绪性的表现——并不会按照下属的期盼来出牌。

若你不能理解，就会出现两种极端：

★我必须小心谨慎，不要冒犯他，否则，再有才干也不抵他的一句坏话。

★我不能容忍他的霸道，必须给他点颜色看，让他知道我不是吃素的！就算丢了这份工作也在所不惜！

平心而论，看看自己是这两种人之一吗？如果是，马上改掉吧，不然你只能永远在职场的泥潭中待着，没有出头的那天。总而言之，最忌讳的从来都是在公开和私下的场合贸然冲撞上司，挑战管理者权威。不管你初居下位，还是已经上升到高位，"服从"和"理解"的交融，都是玩转圈子的必胜之道。

3.高明者懂得体谅上司。

如果换位站在上司的位置上想想，让自己具备管理者的思维，你就会更好地领悟到，上司的言行不一定是对你的苛求，反而已经非常为你着想了，换了你可能比他更苛刻。求全责备会让你四处碰壁，奢求完美只会使你抱着残缺过日子。一个高明的人必须明白，服从上司是天职，能否体谅上司则是验证你是否具备最终入场券的口令卡。即使那个人的命令是错的，你也要先应承下来，执行起来，然后找到适当的机会再慢慢和他沟通。很多事情是能够改变的，只要你方法恰当。

执行力并不体现在简单的服从

管理者最喜欢讲的就是执行力，年年讲，月月讲，天天讲，但不可否认的是，执行环节仍然是最容易成为盲区的环节。服从与执行的关系如何理解？羊性的服从与狼性的服从有什么区别？

狼性服从：狡猾和冷血地运用谋略达到个人目的，自利永远是狼的第一选择。

羊性服从：采用恰当的方法和更低的成本及时有效地完成计划，羊的执行力永远不缺乏智慧。

有一个故事很有意思：

某个男人结婚不久，一天老婆正在厨房忙晚餐，他想帮忙做点事，于是就问："亲爱的，我能帮什么忙吗？"老婆说："看你笨手笨脚的，就剥洋葱好了。"他想，这个再简单不过了，但是刚剥了不久，就被呛得一把鼻涕一把泪。他不好意思去向老婆请教，只好打电话给他妈妈。妈妈说："这很容易嘛，你在水中剥不就行了！"他按照妈妈的方法，完成了老婆的任务，开心得很，于是打电话对妈妈说："你的方法真不赖！不过美中不足的就是在水中要时常换气，实在太累人了！"

这是一个好玩的笑话，却给了我们最深刻的道理：执行的效果虽然由决策者控制，但却由接受者决定。团队执行力亦如此，如果作为企业的一员，执行能力也像新婚男人把脸浸到水中剥洋葱一样，就会带来企业的成本和时间效益的损失，以及员工利益遭到重创的痛苦。这就说明，简单和不加以思考的服从只会坏事，有效的执行力才最为重要。

★沟通。提高执行力的前提是有效的沟通，上下彼此不知，是最可怕的堵塞，不知就互疑，疑而生惧，惧而生隙，这个团队就完蛋了。只有在沟通和讨论中统一了思想，明确了目标，树立了信心，有能力者才可心无旁骛地开展工作。

★知人。无论哪个国家和企业，"人人是人才，赛马不相马"这话都适用。每个人都有自己的长处，一个最不起眼的人，他也有你比不上的优点。聪明的羊性领导，就得善于发现和使用别人的长处，这比简单地抱怨"一群饭桶啊"、"真是人才难求啊"更能解决问题。晚清重臣左宗棠凭借曾国藩舍弃的那一帮"散兵游勇"组建的军队，屡建奇功，收复新疆，成为晚清政府倚重的国之柱石，与他的知人善任分不开；李鸿章利用手中有限的资源，充分调动人力周旋于乾坤，为国谋利，为族谋空间，也源于他的知人。

★细节。什么是执行的细节？第一，重视方法，不喊空话。做出详细计划，选择最佳路线。第二，控制成本，直播效果。第三，防微杜渐，随时纠错，不死要面子活受罪。很多人明知自己的方法是错误的，死不认账，一错到底，错完了又耍赖，不按规则出牌，这就是草原狼的凶残和野蛮作风，结局只能是死在"猎枪"之下。

★心理。很多时候，当你发布一个任务，员工不是不想做，也并非他做不好，而是他不知如何去做。由于害怕做错，所以产生了心理障碍，那么你就要帮助他消除这些障碍，消除心理担忧，而不是一副冷酷的草原狼形象，使员工望而生畏，见到你就联想到"残忍"和"无情"。

★换位思考。"换位思考"也是需要培养和修炼的企业文化。人会同时担任许多角色，在不同的场合，角色和地位有时很悬殊。如果能尽量做好每一个角色，那么，你一定会有成功的人生！这是每一个人都追求的目标。但是，这种功力不是一蹴而就的，需要一步一个脚印，慢慢修炼。

　　我的公司几乎是从一个事无巨细都亲自上阵、手把手"垒砖"的小作坊开始,一步步发展壮大的。公司几乎所有的工作我都做过,可以说我了解每一个职位员工的感受。尽管我现在是老板,但我知道他们在想什么,会如何思考。因此,我在做事时,时常换位思考,在员工、组织、客户和我个人的角色中很好地转换,从而正确地作决策,并始终尽量地做正确的事。

　　我们必须知道,没有一种成功的"服从"是简单粗暴的,它是最富有智慧的管理文化。

不可或缺的超级替补

　　很明显,不管什么职业里,"替补"总与被蔑视和轻视的印象联系在一起,人们都想成为说一不二的头号人物,哪怕只是一个小组的组长、一间狭小的办公室的主人。可事实往往与我们的一相情愿是相反的。理想很美好,现实很残酷。

　　我刚到美国时,微软研发部门的希尔告诉我在他眼中比尔·盖茨最欣赏的团队文化:做最佳接班人,胜过做你死我活的竞争对手。"有序的竞争永远强过互不相让的搏杀,"他说,"没有任何一个老板希望看到手下为了某个位置鱼死网破,秩序总是排在最优先的一号位,没有例外。"

　　用中国的文化理解,可以认为,在一个团队中,最安全的永远都是副职——如果他足够聪明,让自己变得不可或缺,而不是一心想上位的野心家。争当头狼很好吗?你的回答也许是:"当然很棒,我希望领导一个团队,成为最高决策者。"但问题是,头狼只有一匹,却有无数人在争。你若奋勇向前，结局往往只有两个：成功或者走人。

超级替补的十大优势：

1. 苦劳大过功劳，受委屈，却安全。

2. 善守者，藏于九地之下。最不起眼，但却最有潜力。

3. 拥有厚积薄发的充裕时间，准备做得足，就能将老大取而代之。

4. 上司的最佳替补，一定是团队最好的带头人。

5. 老大经常换人，不是高升就是遭殃，副职相当稳固。

6. 上下关系天然的润滑油，有利于人脉积累。

7. 经常是实际做事者，对于公司更加不可或缺。古语有云：三年一换的巡抚，万年不变的能吏。

8. 比老大更了解下属，实战经验丰富。

9. 见惯风风雨雨，因此心境更好，忍耐力更强。

10. 一旦老大位置空缺，可以迅速补上。

巴斯蒂安现在是美国费城一家公司的销售总监，他的升职经历就是一个最值得我们汲取的启发案例，很有参考的意义。

巴斯蒂安在与前总监梅达霍斯特的竞争中，得出了一个让他受益终生的教训："永远不要急于向前迈出那一步，有时候退一步反而是获利最大的选择。"他告诉我说："梅达霍斯特的野心太强了，老板需要他，但又抱有极大的忌讳。这些年来，他为公司作出了很大的贡献，要求成为全集团的销售总裁似乎也无可厚非，只不过他想当这个王国的销售老大，在某些时候和老板平起平坐。所以，他输了。在他走后，我被提拔到了美国分公司的销售总监的位置上。"

在梅达霍斯特上蹿下跳为了升职四处活动时，巴斯蒂安在竞争的过程中什么都没做，这是最令人惊讶的地方。他为公司服务了十四年，每年都默不做声地攀爬在业绩表上，没有人为他喝彩，他也从不要求什么。

最终，老板的权衡是：这个人我用着放心。

我向来喜欢甘愿做一只孺子牛一样的下属，这绝不是出于"剥削"或"控制"的管理追求，而是因为这样的人更有前途，他们懂得在自己得到之前需要付出什么。

难道你的眼睛只盯着老大吗？你盯着最热的位置时，请注意，背后一定有更多的刀子在对着你。你想得到最大的权力，通常意味着你要最大限度压抑自己的渴望，只有假装不关心的人，才能真正享有挂在天上的蛋糕，伸着手向前走的人，结局一定不会比梅达霍斯特先生更好！

历史的教训：徐阶与严嵩的故事

每当争权夺利的时候，我们都应该看看历史。那些权力游戏中最后的赢家，他们是怎么做的，哪些地方值得我们参考？如果精读了中国历史，你就会发现，所有的赢家在角逐的过程中都是在做羊，而不是做狼。

嘉靖三十一年（公元1552年）的三月，徐阶以少保兼礼部尚书的身份进入了内阁，开始了他人生最辉煌的时光，也是在两个老大手底下当小媳妇的"伟大历程"。当时，大明朝的老大是嘉靖皇帝，内阁的老大是严嵩。他们之间的政治斗争就此开始。

徐阶当然很想争一争，但他估计自己战胜不了严嵩，在皇帝那儿也讨不到便宜，因为皇帝暂时不会听从他的建议干掉严氏父子。于是他委曲求全，尽藏锋芒，以便博得严嵩和皇帝的欢心。

严嵩是一个绝对"唯上"的人，历史上的"奸臣"，人们心目中的坏蛋。大家看不惯，皇上却喜欢，不但重用，而且说他忠心耿耿。严嵩成功的地方在哪里？1.他知道谁是老大，而自己又是老几。2.永远不越位，只求不可或缺。3.好处给老大，黑锅自己背。做到了这三点，他想不被重用都很难，无论皇帝还是公司老板，都喜欢。

而且在当时，严嵩执政的时间很长，下面的人要想往上爬，甚至要自保，巴结严嵩都是最好的一条捷径。巴结他，而不是急着取代他。徐阶和他的弟子张居正最聪明的地方就在这里。

张居正是另一种擅长做"超级替补"的人，他是治世能臣不假，同时他又非常精于权术，是难得的多学科人才。他可不像电视剧上演的那么刚正不阿，初期，他既讨好老师徐阶，又讨好对手严嵩，写了很多诗词歌赋来吹捧严氏父子。严嵩倒台，徐阶和高拱相继主政，张居正对他们亦是如影随形，紧密配合，同时又将眼光瞄准了皇帝身边的红人、大太监冯保。

这些史实都向我们说明，一代名臣张居正是深深懂得超级替补重要性的。

在具体的策略上，张居正对老师徐阶有所指责和抱怨，但对严嵩却从来没有过。为什么呢？有人可能不解，他和徐阶同属一个阵营，应该一致枪口对外才是嘛，怎么张居正反而对严嵩更加谄媚？真正的奥妙就在这里，伺候老大，不但要拿出副职吃苦受累跟着走的本色，还需对症下药，看人下菜单。

官场真真假假，假假真真，徐阶最明白其中的奥秘。我们还应该说，张居正了解徐阶和严嵩的性格，徐阶宽容大度，很爱才，又会算计，他认准了张居正这个人不一般，要培养他做接班人，不遗余力栽培提拔张居正，所以不会计较张居正不过分的指责和抱怨。宦海险恶，接班人就是保护伞！徐阶比张居正大二十多岁，他有能力的时候保护张居正，也希望张居正将来保护自己。他们事实上同属一个阵营。但是严嵩不同，他的工作就是整人、杀人，是敌人，万不可得罪，一点把柄也不可让他抓住。故而，张居正对他是小心谨慎，只能拍马奉承，不能有任何不满。

官场有些人无所顾忌地提携亲信，实际上就是在为自己留后路。也就是说，每个人都在给自己准备替补，不管这个替补将来会如何对待他。

这场连环权力游戏的最终结局是什么呢？甘做千年老二的徐阶斗倒了霸占内阁老大位置二十年的严嵩，不但诛杀严嵩的儿子严世蕃，严嵩也在孤苦伶仃中饿死，落得一个悲惨无比的结局。青出于蓝而胜于蓝的张居正，熬到了徐阶出头，又借助大太监冯保的力量扳倒了徐阶的另一个学生高拱，成功地登上了大明首辅的宝座。

谁说做一只羊没有出路？谁说在狼群中做羊就一定会被吃掉？那是因为他们没有把握羊性管理智慧的精妙。

羊性管理第 2 守则

说话的艺术：管好这张嘴

谨言慎行：赢家通吃的羊准则

"说话为什么要小心，我直来直往不行吗？"这是 2002 年，我的一位同事充满困惑的问题。他有理由感到不解，因为他如此优秀，全公司没几个比他业绩强的，但因为在老板面前说错了一句话就被解职了，只能坐在街头的长椅上大发感慨。我陪着他，身边飘着落叶，颇有一种壮士悲情的味道。但是他的问题，对我们来说却比秋风的凉意更有价值。

对于刚刚工作的职场新人来说，公司不会对你有太高的要求。然而刚进入公司，我们首先要做到的，就是端正自己的工作态度。可能你会对业界感觉很陌生，也好奇自己是否有能力去完成自己的工作，但态度是第一位的。你对待工作态度认真，保持一份踏实肯干、努力进取的态度，领导和同事会看在眼里。即便你没有十足的工作能力，也会给别人一个很好的印象，认为你将是可塑之才，认为你能胜任这份工作，而且可以做得更好！那么刚入职场的新人应该树立什么样的工作态度呢？

在职场，下面的几种话是绝对不能说的：

1. 涉及别人优缺点的话：你要知道，每个人都只能定义自己。无论当面还是背后，别人的优点与缺点，都不是你能拿出来讲的。讲了，你就有自以为是之嫌。

2. 点评别人工作好坏的话：一个人工作的好坏，只能由他的老板来评点。如果你是他的同事或下属，对此就应闭嘴，哪怕老板让你讲，你也要注意方式。

3. 容易引起他人敏感的话：给别人留下不好联想或涉及他人隐私的话，都是一颗定时炸弹，炸你没商量。

4.自吹自擂的话：酒桌上吹牛娱乐可以，除此之外，谦虚才能让你得到更多。自我感觉良好是一种危险的思维，即便在情人面前，它也会给你带来麻烦。

谨言又要慎行，我们不但嘴巴须管紧，行为也要注意。看一个人不仅看言，还要看行。比如平时没事别常往上司的办公室跑，因为这很容易给大家留下马屁精和告密者的不良印象，人们会想：对这人要小心了，他跟老板在办公室嘀咕什么？是不是在替老板当看门狗？对于绕开上司直接去找老板的人，在他的直接上司眼中，看到的只有两个字：不忠；在同事的眼中，他的印象会更糟，因为他是小人。

知道莎士比亚是怎么说的吗？"最光明的天使也许会堕落，可是天使总是光明的；虽然小人全都貌似忠良，可是忠良的人一定仍然不失他的本色。"没有哪位领导喜欢不忠的人，只要你流露出这种迹象，他一定痛下杀手，当然之前他会利用你。

不管你做什么工作，职场向来都是人与人关系特别微妙的场所——想想也是，一天中有三分之一的时间与你的同事抬头不见低头见，怎能不小心谨慎？尤其当这种关系能左右你的升迁和职场命运时。

所以，在这种环境中一定要谨言慎行。一只想玩转办公室上天入地的羊，需要在职场特别注意说话的四大忌讳：

第一忌：温柔一刀

有些职场达人，或者是经常研究如何能快速升迁的专业人士，或许会建议你要多交朋友，少树敌人。怎样做到这些呢？他会让你在各个场合多发表自己的意见，多表达自己的观点，尽可能增加表现自己的机会。

是的，表现自己，这是让我们得到更多机会的好方法。不过，得看是针对什么对象、由什么人来做这些事情。比如发表意见，有的人知道选择正确的时机、对象和内容，在正确的时间说了正确的话，于是他被上司记住了，并得到提升；有的人依法炮制，结果却适得其反。原因在哪儿呢？就在于他没有做最恰当的选择。天时，地利，人和，他一样都没做到。

判断形势是如此困难，稍不注意就掉进陷阱。与其这样，倒不如当一只在办公室"卧底"的羊：

★尽量少说话，躲在人群中；

★你了解别人的情况，别人不清楚你的底细。

如此一来，你虽然少了很多出风头和提升的机会，但也不会有人把你当做靶子，拿着猎枪想来干掉你。这年头，我们交一个真正的朋友实在是很难，惹上一个敌人却可以在电闪雷鸣之间。一句话不对，就有可能引火烧身了。

记得中国的那句古训吗？"逢人只说三分话，未可全抛一片心。"你会觉得这很虚伪，但这当然是至理名言了，世界各地都适用。欧美人就是坦荡荡的君子吗？你千万别以为美国人真的像传说中的那样一见人就捧出真心，什么话都不留余地；你只要任意选择一家美国企业，在里面待上半年就知道了。至少我知道，白人的虚伪在本质上向来不输于东方人，只不过虚伪的方式有所区别。

那些向来认为自己待人真诚，说话直接明了，也不做亏心事的人，在职场"混"的日子长了，他就会发现这些所谓的优点根本不是那么一回事。也许就因为这种自我感觉良好的优点，你就会丢掉自己的第一份工作。

徐梅从大学的财会专业毕业以后，应聘到了上海的一家私营企业。老板让她和另外一个女孩一起工作。女孩是本地人，学历没有她高，但她工作的时间久，性格温柔。也许老板正是看中了她这两个优点，想让她带徐梅熟悉工作，帮她尽快融入企业。

接下来的日子，她们配合得非常默契。那时徐梅刚来上海不久，女孩不管在工作上还是生活中都挺照顾她，经过一段时间的相处，徐梅甚至把她当成姐妹，无话不谈。

该公司的老板较为小气，平时对员工有些苛刻，工资低，福利少，法定假期有时也上班。时间长了，徐梅就有些看不惯。一次和女孩聊天，徐梅透露出自己过段时间想辞职的念头，并把原因告诉了她。女孩劝徐梅，过一段时间再说，别太意气用事，一副为她着想的态度。徐梅听了，很受感动，当时她也并没有决定非走不可，所以没有把这件事情太放在心上。

但是一个星期后，老板突然找她谈话，说现在公司的人员太多了，生意又不景气。老板的语气很是得体，但意思非常明确：现在请你走路。

这时，徐梅才恍然大悟，一定是女孩告的密，太阴险了，平时完全没看出来！有了如此惨痛的经历，她开始痛恨那种表面上很客套的人，因为他随时都可能在背后给你"温柔一刀"。一张嘴可以让你升迁，也可以让你落荒而逃；一些推心置腹时说的私房话，日后却可能拿来用作杀你的武器。

教训是什么呢？言多必失，与人言，最忌温柔一刀！陷入小命由他人掌握的被动局面！既然这样，你还不如沉默，少跟人讲心事，做一只不喜言谈、低头吃草的老实小绵羊，与他人保持一定的距离。尽管表现的机会不多，不容易引起老板的注意，但重要的是安全。

第一，常在上司身边工作的人，对一些重大决策以及不宜公开的事情，他们相对知之较早，了解较多，尤须谨言慎行，守口如瓶。老板让你知道一些秘密，说明他对你的信任，你嘴巴漏风，就意味着背叛。

第二，我们切忌在办公室展示辩才，因为这是利器用错了地方。

特别是初到一个陌生环境，两眼一抹黑时，少说话，多做事，尽量不要参与口舌之争。因为你不知道新环境中的人际关系的脉络。你要知道，职场没有是非，只有看法的不同和利益的取舍。即便你在争论中赢了，上司按照你的意愿行事，那么他的面子和尊严呢？也许他碍于大局，一时隐忍不发，事后也会找补过来的。要知道上司也是人，是人就会有人性的弱点，特别是中国上司。中国人历来就把面子看得很重要，更何况是职场中担任些许职务的"要人"呢！善于纳谏的皇帝一两千年只有一个李世民，杀言官的皇帝却数不胜数，所以别企望你的上司就是那个投胎转世的李世民，何况李世民也让魏征气了个半死，如果不是贤惠到极点的长孙皇后在旁疏导，魏征说不定也早死了。

跟同事进行辩论就更没什么必要了，逞口舌之利，图一时快活，却埋下了失和的祸根。在职场，如果你是鱼，同事就是水。一旦同事都不理你，就等于鱼失去了水，想不死都难！

我的公司有位叫做晓燕的员工，她就是出了名的"辩才"，人送绰号"无事不晓"。她一说话就辩，连吃咸喝淡这样的生活小事，也要从营养健康的高度辩个真真切切，明明白白，一天到晚在公司叽叽喳喳，见谁"咬"谁。经常有人跑我这里打她的小报告，暗示我这个老板应该顺从民意教训她。我当然不会教训她，只要她的行为没有危及公司利益——老板干涉这种事不是最好的选择。但到了最后，除了见面打招呼，几乎没有人愿意与她坐下来说话了。

晓燕也不是傻瓜，她听到风声，主动来找我，忐忑不安地问我，是不是同事们都看她不惯。我借此机会跟她谈了一下，婉转地告诉她应该怎么做，让她以后少和同事争论。"世界上不是所有的事情都要争个高低、分个清楚的，"我说，"从现在起学着改变自己吧，只要你坚持一天，我就在那个月增加你一天的工资。"

重金厚赏之下，她还是没能做到。背后来打她小报告的人，还是络绎不绝。在没有退路的情况下，不久她就离开了公司。

她会有一个好的前途吗？前不久她主动给我打电话，"汇报"她现在的情况，令人欣慰的是，她已经改善了很多，并且选择了一份较适合她的工作：保健品推销员。

辩论向来无输赢，狼咆哮如雷，也吓不退猎手，还不如小山羊悄悄地溜走。表面赢的人，实际可能输得很惨。所以第一要紧的，就是管好自己的嘴巴，什么时候学会了不说话的智慧，就领悟了羊性的聪明。

第二忌：斤斤计较

说话多了可能只是惹来小麻烦，若是话里话外斤斤计较，在人们的心目中就意味着品位低下，这比大嘴巴还危险。一个小气的人，没有人愿意与他交往过密，而上司会喜欢他吗？上司看见他就皱眉头。当然，人们总是不认为自己是那种斤斤计较的人，因为"得理不饶人"是人性的特点之一，只有因此遭到惩罚或挫折之后才恍然大悟：原来我竟然是这种人！以前怎么没有一点感觉呢？

在职场，斤斤计较与工作能力没有直接关系，但却与我们人际关系的好坏成反比。

比如，每个人都有各自的分工，其中有些工作是边缘性的，也有些是临时性的任务，需要全体上阵，协同合作。如果你坚持这工作不属于你的职责范围而袖手旁观，或者计较得失，提出一些鸡毛蒜皮的要求，那么等于站到了所有人的对立面。结果就是：为了一口肉，得罪一群人。

还有一些人会计较什么呢？他们关注奖金的分配，自己的付出与回报的关系，能不能独占办公室的一些公共小资源，像一个漂亮的文件夹、一个靠窗的位置、一个大点的文件柜。于是，计较产生了对等效应，你计较，别人也会跟你计较。一旦给众人留下这种不良印象，大家就会对你敬而远之了。

说白了，这是一种左右互搏的心理活动，你想得到的越多，就越会觉得组织对你不公平，似乎团队中只有你一个人吃亏了，大家都在占便宜。实际情况是什么呢？世上本来就不存在绝对公平，就像自由是一种追求而不是现实。一个眼光长远的人，他最该想的不是那些看似不公平的事，而是"我还可以做什么"。

要知道，有些事情，当你很想要它的时候，它总是躲着你，当你不去想时，它反而不请自来。

第三忌：交浅言深

小丽刚到一个新单位，很想在短时间内和大家打成一片。她发现其他同事都客气有余，热情不足，唯有王姐最热心，最爱和她说话。上下班还有其他的种种大小事情，两人总凑在一起。王姐热情给她介绍公司的情况，以及每位同事的脾气性格、个人私事，还提醒小丽注意哪些人等。

初来乍到的小丽对公司的事一无所知，有这么一位"热心大姐"介绍情况真是求之不得，自然把王姐当知心人。于是她将平时看到的不顺眼和不服气的事，统统一股脑地向王姐倾诉，有时甚至批评其他同事的不是，背后说人的坏话。但是渐渐地，她就发现办公室里的其他同事都不怎么答理她了,她感到很纳闷。一天,她在文印室里复印文件,听见外间的王姐跟一个同事说:"这个新来的小丽可不是好东西,昨天还说你傲气、看不起人呢……"

小丽气坏了,可她有苦说不出,谁叫她对王姐没有提防呢?

狼入羊群,一定张嘴乱咬,羊入狼群怎么办?在人员密度大、利益纠葛的是非之地,对于缺乏经验的新人来说,切忌与人交浅言深,特别是那些不拿你当外人的,小心点没错,你咬自己没关系,一旦涉及他人,评论就要谨慎。有句话要牢记:"来说是非者,便是是非人。"不但是非不能说,最好也别听,世上没有不透风的墙,风言风语,总是以最快速度传播的。

我的忠告是:第一,初到陌生的环境,管好嘴巴,因为你不知道谁跟谁是一个阵营,各人的性格特点怎么样。公司中裙带关系比比皆是,狐朋狗友也到处都有,不知道哪句话就碰到地雷上。因此职场老手,大多能做到喜怒不形于色。第二,要学习做一个好的聆听者,在别人面前多听,多点头,不要显露自己冲动的言行,不让别人抓住致命的把柄,这样你才能成为优秀的生存者,而不是处处被利用的受害者。

第四忌:越俎代庖

慎行是什么?第一条就是做事之前要想好,尤其看好路是否走对,有没有踩进别人的地盘。通常情况下,每一个人都有明确的职责分工,一个职位就是一个人安身立命的铁饭碗,也是自身展示工作能力的平台,如果你热情地"染指"了别人的工作,轻则会遭人白眼,碰软钉子,重则后果不妙,别人心生怨气,少不了要对付你。因为你侵犯了他的利益,有可能让他失去上司的信任和工作的机会。

当然，不同性格的人有不同的反应，有的人可能马上对你拉长了脸，一通冷嘲热讽，这还是好的，吵一吵就过去了；有的人则比较隐晦，他对你爱理不理，不冷不热，让你心生忐忑，不知他何时下刀；还有的人深藏不露，记恨在心，找到好机会才对你下绊，到时你就是一跤摔倒，再也别想爬起来。

要懂得这一智慧，你首先得了解职场是什么地方，它是一个微妙而复杂的磁场，能力在此很重要，但活得好不好，不完全看能力的大小；人与人之间讲感情，感情是纽带，但也不全靠感情。在这里，没有是非，只有是否合理。狼性所追求的丛林法则，也许有时适合公司的宏观发展，但在职场的微观环境中却并不适用。强者不小心，也会被当成菜炖了；弱者手段巧妙，亦能呼风唤雨，将一群狼驾驭得服服帖帖。明白这些，你才能玩转职场，化羊为狼，并统率群狼。

第五忌：信口开河

很多时候，能言善辩只能给自己带来不小的麻烦。说话要多加考虑，切不可信口开河，不知深浅，没有轻重。上面我们已经讲到慎言，现在具体来说，就是话前要有思考，应该说的话则说，不应该说的话打死不能说，道理看似十分简单，做起来却一点也不容易。这不但关系着事情的成败、个人的安危，还牵涉到我们人生的命运。

历史上，因为说错话而招致灾祸的例子不胜枚举。不管你是普通人，还是高层领导，嘴巴可以给你如花似锦的前程，亦能带来灭门灾祸。现代社会，因为说了错话和不当的话，给自己带来不好的影响和结果的例子也屡见不鲜。你或许会问："不就是一句话吗，有什么了不起的？"没错，仅仅一句不适当的话，却可能给你带来不希望的改变或是非常不妙的结局。

说话是一门学问。东西可以乱吃，话不可以乱说。会说话就会受人喜欢，这不仅是一种优点，而且是对一个人为人处世有方法的最大褒奖。相反，不会说话往往就会祸从口出，招来别人的反感，有时候还会因你的言语过失而带来沉重的打击。

小刘平时总是用QQ给同事发文件，和客户联系业务，偶尔和同事、客户聊天也会涉及私生活，他这样做无非是想增进了解、加深感情。但是他却忽略了公司网络的不安全性。

一次，他和别人聊天的时候不小心抱怨了公司几句，结果管理部在公司论坛上公布了他的私人聊天记录。老板看到了他的聊天记录，非常生气，二话不说就把他解雇了。

小刘的遭遇值得同情，他错在什么地方？在上班的时候和朋友聊私人话题倒是次要的，重要的是他在非议公司。没有什么事情是绝对安全的，如果他能预料到这一点，就不会祸从口出了。

1. 初入职场，最要紧的是给自己的嘴巴加一把密码锁，密码是"想清楚了才能说"。

2. 初来乍到，不可妄言，不清楚别人的心理定位时，千万不要轻信你的直觉。

3. 你要明白，亲切的背后或许包藏祸心，敬而远之的人或许对你赞许有加。

4. 最容易对别人产生信任之时，也是你最容易麻痹之时，这时候更应该管住嘴巴。

5. 你要相信："我随口说出的一句话也能传到老板的耳朵里，而且是被曲解的。"

Watch your back！你最好小心后面

在我从小公司的普通员工做起，晋升到今天的公司高管这十几年的生涯中，在与同事的相处中，我为自己划定了两条红线，并且一直努力地遵守：1. 避免传播流言；2. 避免陷入传言。因为我知道，能力与生存之间并不能画等号。再强悍勇猛的头狼，如果让一些流言飞语缠上了，他不死也得扒层皮。

有一句话叫做"水至清则无鱼"。职场难免有混浊的空气和流言的袭扰，所以你固然可以坚守"清者自清"、"人正不怕影子歪"的人生格言，但是远离不必要的伤害，学会闭嘴和低头，尽可能地洁身自好，脚底不湿，还是一种难得的、非常重要的羊性智慧。

美国人常告诫自己：Watch your back！"你最好小心后面！"这个道理中国人更懂，扑上去争个你死我活，辩个你浊我清，当然是一种让人敬佩的气节，但有气节的人，结局往往不怎么好。因为威胁来自于身后，你甚至找不到对手。基于对成本和风险的双重考虑，我们当然有理由让自己像留心绊脚的台阶那样，远离不必要的流言和暗箭。

流言有两个特点：1. 它是大家茶余饭后的一种娱乐，可是说者无意听者有心，往往经过几个人的口就变味了；2. 它是打击异己的工具。特别是对于成绩优秀的办公室职员，难免会惹流言上身，这是因为事物总有两面性，优秀的人就会遭打击和排挤，而流言正是小人和平庸的人惯用的招式之一。几千年来，这招屡试不爽。

作为一只寻求生存和发展的职场羊，你应该如何从容应付这些强者的滑铁卢？

★保持足够的淡定

听到有人说你坏话，你会暴跳如雷大吵大闹，像狼一样龇牙咧嘴找出凶手拼命，还是保持冷静，微笑以对？前者于事无补，反倒给人留一个遇事急躁的坏印象。哪怕你是公司的老板、最高决策者，在流言面前也不可失去镇定。捶胸顿足和泪如雨下是弱者的选择，强者只会淡淡一笑，然后才能找到正确的对策。

★寻求盟友的支持

一张嘴巴再能说，也有理说不清。单枪匹马笑对流言，看上去为人坦荡，勇气可嘉，其实让自己陷入了孤立无援的境地。积极而悄悄地主动出击，寻求支持，才是彻底战胜传言之道。需要指出的是，除了寻求上司的支持外，向下属寻求支援、建立同盟阵营也极为重要，甚至是最好的办法。老板总会考虑最底层的民意，他们在流言面前总会以下属的意见为参考。如果大家都说你好，那你就过关；如果不是，那你只能走人了。

★反省自身的问题

有些传言针对你时，你应该想到，是否与自己哪些方面做得不妥有关？如真的是自己的问题，应该马上改正，挽回形象，求得大家的谅解与支持。其实，多数流言飞语的产生，都与主角自身不周正、让人抓住把柄有关联。身正不怕影子歪，苍蝇也不叮无缝的蛋，让传言上身，多数还是自己的某一方面出现了问题，让人找到了机会。

★适当主动的出击

面对诽谤，头上扣个锅盖，缩在墙角一直忍下去，忍到底？这可以作为一种暂时的策略，但却绝非最终的解决方案。如果你自己没有问题，在扎紧了篱笆做好基本的防守之后，接下来你就可以主动出击，击败传言了。在迫不得已需要反击时，你应该做的就是摆出事实和真相，敞开天窗说亮话，用光明正大的证据，给小人以致命一击。就像明代的海瑞给皇帝的那封天下第一疏："正人心，靖浮言。"

被恶意中伤是一种很伤心的经历，在我的职业生涯中，我至少经历了三次重大传言危机，但我都挺了过来。方法就是坚持以上的步骤：既反省自己，建设坚固的防守阵地，在传言面前又能谨慎对待，巧妙周旋，最后斩草除根，树立威望。只要你坚信你没有做对不起自己和别人的事情，恶意的评论最终会像流水一样消逝，还你清白的同时，还会进一步增强你良好的公共形象。

第一，不要做传言的携带者与传播者

珍妮是一个前台接待员，公司里的大小事都不能逃过她的眼睛和耳朵，她总觉得了解公司内幕多的人会很吃香，所以特别喜欢跟着别人传播一些小道消息，比如公司副总裁的风流韵事、下任销售总监的人选，甚至是高层之间的和与不和。

每当说起这些事，她都超有成就感。可是有一次，事情闹大了，公司上层开始调查，珍妮就成了不折不扣的替罪羔羊，好几个人都指证流言是她发布的，她因此丢了工作。

人们最痛恨的就是嚼舌根的，当你身边流言四起，一定与什么事有关。如果你幸运地没有卷入这场事端，那么做出一副高高在上事不关己的姿态，是你的最佳选择。千万不要上前凑热闹成为一分子，结果会让你自己成为一个火力打击的靶子。

"是非"有一个特点，那就是参与的人多了，就一定越来越严重，若是你掺和进去，说不定就成了被冤枉的凶手了。在大公司或小公司，国企或是私企，中资还有外资，都不乏制作和传播流言的人，他们一定有见不得光的目的：想打击某个人，想做成某件事。被煽动起来的跟着传送的人，就不知不觉间成了助纣为虐的帮凶，被人唾弃。

★亲近流言的人总是被流言所伤，保护自己的最好办法就是坚决与之保持距离。

第二，管好自己的嘴巴，谨慎说话

在中国明代为人处世的经典著作《菜根谭》中，有一句很智慧的名言：十语九中，未必称奇，一语不中，则愆尤骈集；十谋九成，未必归功，一谋不成，则訾议丛兴，君子所以宁默毋躁，守拙无巧。意思是说，即使十句话说对九句也未必有人称赞你，可你若说错一句话就会立刻受到指责；即使十次设计九次成功也未必有人会奖赏你，可只要有一次计划失败，埋怨责难之声就会纷纷而至。所以一个有修养的君子，宁可保持沉默寡言，没有经过深思熟虑的话都不随便说；尤其在做事方面，宁可显得笨拙一些，也绝对不能自作聪明。

天津有一家公司平时用班车接送员工上班，客户服务部的小李最喜欢在班车上唠家常，她不知不觉就把如何与自己的婆婆斗智斗勇的故事生动地描绘了出来，听得全班车的人津津有味，所以女同事们都从她身上找到了一个榜样：如何与婆婆战斗。

这真是一段趣事，在生活中很正常，因为婆媳关系大都如此，谈不上谁是谁非。如果没有下面事情发生的话，小李的行为惊不起一点波澜。可是当小李可能被考虑升迁的时候，办公室就传出了"添油加醋"的恶媳妇故事，说她是一个折磨自己婆婆的女人，虽说这和工作无关，但是反对她晋升的人理由很充分：一个连婆婆都如此对待的女人，她会对同事友善吗?!

这就是职场的现实：当你成为对手的打击目标时，你生活中的任何事都可能被利用，成为打击你的工具。

小李本来还天真地以为自己的坦率和风趣能博得大家的好感呢，所以才爆料自己家里的婆妈是非，吸引同事的注意，加深与同事的感情。没想到班车上的家长里短，居然成了日后阻碍她事业发展的绊脚石。严重的后果发生了，这才让她领悟到，只有管好自己的嘴巴才是最安全的。

第三，坚强的后盾是你安全的本钱

有时你还会发现，在工作和生活中，我们已经做得很好了，处处小心谨慎，坐得端行得正，结果还是发现后背有冷箭。这说明，总有小人不想放过你，就像恶狼永远都想吃掉羊。那么最好的办法就是为自己建立起坚强的后盾。

★一个支持你的团队：联合多数对付小人。

★一份漂亮的成绩单：超强的业绩就是免死金牌。

仅有一个坚定支持你的上司，不足以安全地为你做盾牌，因为上司也有他的底线和可以出力的范围，有时候他也要自保，不可能替你做任何事。所以你最好有一个团队。这个团队可以由你的上司、下属、客户和供应商组成，他们支持你，维护你，共同的力量能够强大到帮你挡去任何麻烦。说到这里，这也是为什么有些公司要做360度评估的原因了。

同时，你可以为公司创造的价值、对于公司的重要性，也是你抵挡风吹雨淋的可靠保障。试想一下，如果公司离了你就要倒闭，哪个老板还会因为一点传言向你动刀？除非他想割伤自己。

作为一只职场羊，混在职场，就需要有人挺你和顶你，否则你就容易被人拱出局，被狼吞下肚。反过来讲，你也需要做他人的后盾，这是羊性的协作精神！

有些事做了再说

★羊性踏实原则：不要光说不做

★羊性谦虚原则：好事做了再说

我曾经给一位下属讲过两句话：坏事尽量别做，做了坏事也别说。下属笑问，好事呢？我的回答就四个字：做了再说。

从另一方面讲，作为一只听话肯干的羊，最好的境界当然是他既要说还要做，说得好而且做得好。但在现实中，大多数人往往流于表面，一旦专注于说，就会忽视做的层次，成了只会耍嘴皮子功夫、做起事来极易飘浮不定的投机分子，最后就是既说不好，也做不好了。

孔子要求君子"讷于言而敏于行"，也就是说少说空话，多干实事。话一出口，就要说到做到，一个人只要踏实肯干，不虚浮，实在，说一句会做一句，那么，他不管从事哪一个行业，都会有不错的发展。就像爬楼梯，有些人为了逞能，为了往上跳，经常使出大跃进的招数，一跳就是好几级，看着速度很快，但经常摔跤，扭伤脚踝。有些人则不同，他们每一步都踏得特别坚实，逐梯而上，既稳妥又能保证速度。

什么是职场大跃进？只能走一步，偏说自己可以跳三步。为了争到一个机会，事还没做就夸下海口，先把机会挣到手再说，不管自己的能力是否足够。这就是职场恶性竞争，也是职场发展的下下之策。还有些人，制定了一个计划尚未实施，就先把话喊了出去："我一定要拿下这个项目，100%可以完成，相信我吧！"将自己置于众目睽睽之下，享受明星的感觉。

可是结果？猴年马月才能看到，也许第二天他就把自己许过的承诺给忘到爪哇国去了。

十年前，我在西安为某公司打杂做软件推销时，业内有一家刚成立的企业，老板姓徐。徐总的公司还没站稳脚跟，他就喊出了三个月垄断西安市场的豪言壮语，而且立下军令状：我姓徐的如果做不到，马上退出西安市场，让给诸位仁兄！

那时正是中国的 IT 业从低谷爬出来，进入新的上升期的时候，市场空间确实很大。如果他低调一些，本可前途一片光明。小公司的优点就是不被大鳄注意，本可以深挖洞广积粮，逐步壮大实力。但是徐总这么"急称王"，反而将优势转变为劣势。

他什么都还没做，就喊了出来。于是，不要说西安的众多 IT 公司把他作为了对手，联合起来防着他，外地在西安的 IT 大鳄也盯上了他，处处排挤。四外树敌的徐总，没坚持到三个月，就收拾残局走人。垄断市场的目标不仅没做到，他的公司也做不下去了。

只有爬到最上面，才有资格说"我上来了"。这比还没开始攀登就大喊"我上来了"的人，境界高了不知多少倍。

某公司的部门经理老许，向来是个吹牛不打草稿的家伙，他喜欢说大话，业绩却很差，开始时靠着他那一张三寸不烂之舌，还能勉强骗过众人，时间长了，大家的意见就来了："老许除了张着嘴到处吹，还能干什么？"质疑从同事开始，最后就是老板。

老板不好骗，他不但要听你怎么说，还要看业绩表的。一两个月的低业绩可以容忍，半年、一年甚至时间更长，你就是他亲爹，他也会眉头紧皱了。所以终于有一天，老板找老许谈话了，拉着脸，将业绩表朝他面前一扔："给我一个交待吧！"老许哪有什么交待，他这回什么都说不出来了，只能郁闷地走人。

失去工作的老许没有反省自身的问题，江山易改，本性难移，他靠着忽悠进了新公司，讨得了新公司董事长的欢喜，依旧是许下了很多的承诺，但是到时仍然是一点完不成，开始了新的轮回：说了做不到，只会喊口号，结果最不妙，到哪儿都被炒。

我们再看另一例：

深圳一家IT公司的新人任强，长得不起眼，形象一般，也不会说话，平时笨笨的，沉默寡言。这类人，我向来认为是最值得关注的潜力股。任强做事扎实，不引人注目，意味着他缺乏让老板赏识的机会，所以大家都有点瞧不起他，戏言任强："你来这儿就是混日子的啊，一点理想没有吗？"任强也不生气，笑笑："有工作做就不错了，要理想干吗啊？又不能当饭吃。"换来的是一阵耻笑。

你会笑他吗？我相信99%的职场新人都会嘲笑他的世故和所谓的"堕落"，你怎么可以没有理想，怎么可能浑浑噩噩？我们得到一份工作，就意味着一个发展事业的机会啊！我们要大声喊，要征服世界啊！就像他的同事那样，不会有多少人理解他的心态。

不过，有一天他因事请假了，人们才发现了"真相"：这个部门的工作顿时乱成一锅粥，许多事情没人能做，客户的电话一个接一个，同事们如坠云里雾里，不知道怎么回答客户的问题。这时，同事和上司才意识到他的重要性。回来不久，老板就把他提拔到了部门经理的位置，让原来的经理拔腿走人。一个沉默寡言低头做事的人，成了这些野心勃勃之人的领导。

这就是羊征服狼。

事情做了再说，就会给人一种信任感。说了再去做，就已经把自己置于危险之地。万一做不成怎么办，你怎么收场？所以做事得谨慎，说话嘴上要有把门的。

海信公司的原则让我印象很深刻，综合起来就是八个字：少做广告，重聚口碑。他们不追求口号有多大，而是看重在质量上的投入。这个策略无比正确，回报的不仅仅是口碑，还有巨大的企业效益。因为谁都知道，产品的早返率每降低一个百分点，意味着提高几个点的毛利。这是真金白银的实惠，远比打几个广告吹成世界名牌强得多！

让我感受最深的是，海信的高管对此也极为清醒，他们知道做永远比说重要，在如此浮躁的社会，他们认真做人、做事、做企业的态度让我们思考的东西是很多的。从海信身上，我们就能看到一种踏实的羊文化：不求四处猎食，只求稳步前进。分内事做好了，该有的回报，一定都会有。

这是一个瞬息万变和讲究效率的时代，要想做了再说并且做好，最忌讳的就是拖延和犹豫，该说的时候不说，该做的时候不做。本来慢一步就可以了，你非得慢两步，将谨慎变成了优柔寡断，走向了另一个极端，失败自然也是难免的。

让我们回想一下老掉牙的《寒号鸟》那则寓言带给我们的启示吧。

酷寒的冬天马上就要来了，住在寒号鸟对面的邻居喜鹊总是趁天气晴朗的日子，出去衔一些枯枝回来，垒巢以便抵挡寒冬的侵袭。而寒号鸟却整天玩耍贪睡，对于喜鹊的劝告也充耳不闻，等到寒冬真的来了，它在崖缝里冻得直打哆嗦，悲哀地叫着："哆啰啰，哆啰啰，寒风冻死我，明天就打窝。"然而，这句话它一直都挂在嘴边，却始终没有付诸实践，最后，它果真冻死在半夜的寒风里了。

明明知道严冬即将来临，寒号鸟却不提前行动，做好准备，垒窝筑巢的想法一拖再拖，最后落得个被活活冻死的悲惨下场。这也正是寓言告诫人们的：如果要做一件事情，绝对不可以只说空话，将自己的理想和目标束之高阁，而在行动上总是拖延，不去实践履行。

1. 拖延是人生的大忌
2. 拖延是对生命的浪费
3. 拖延使人无法作出决定
4. 拖延让人丧失先机

人人都明白"机不可失，时不再来"的道理，但是总有一些人，他们面对机会时一定犹豫不决，虽然心中知道，必须马上行动，可做起来就显得摇摆不定，不知从何入手，只是在嘴上说，脚下一步迈不出，让机会白白地错过。他们的具体表现是：天天在考虑、在分析、在迟疑、在判断，就是迟迟决定不了。

等到好不容易作了决定之后，他又时常更改，不知道自己要的是什么，最后终于下定了决心，制定了行动计划，在执行时又拖拖拉拉，不断地告诉自己"明天再说"、"以后再说"、"下次再做"。这样的人，他们即使采取了行动，也是"三天打鱼，两天晒网"。所以，他们永远一事无成，终生与失败为伍。

人生有几个十年呢？生命太短，做事的黄金时间也不过二十来年。"明日复明日，明日何其多？"对于成功者来说，拖延的习惯是最有害的，它是可怕的敌人，又是时间的窃贼，会损坏人的性格，消磨人的意志，使你对自己越来越失去信心，怀疑自己的毅力和目标，最后终于开始怀疑自己的能力，染上浓浓的自卑，能做成的事情，在他看来也遥不可及了。

同时，它还是我们人生的最大杀手，让你在生活和工作中忙乱不堪，总是失去与他人合作的机遇，更让你失去在工作和事业上成功的最好机会，从而让失败一直伴随着自己，最后发现，在浪费了无数的时间之后，你还是一事无成。

于事无补就不要争辩

羊性管理的效率原则：别做无意义的事，别说无意义的话

精心计算成本的重要性，在事情最初的阶段就已经体现得非常明显，哪怕是说话。但很少有人会注意这些，因为大多数人觉得，正因我一无所有，正因我创始之初，我才要"努力并尽量地说"。语言是最廉价的资本，你通常也这样认为，是吗？所以我们会看到太多滔滔不绝的人，将无意义的事情一再重复，无意义的话说了一遍又一遍，只为尽可能展示自己，并说服对方。

"您看，我这里有一份计划，它很有盈利空间，如您投给我200万美金，不，100万也可以，我一定给您带来超过五倍的回报！"

事实上，这是一份垃圾计划。投资者在心里说，但他并没有直接指出来，只是让对面的这位未来的企业家过几天再来。于是两天后，他又来了，再一次重复两天前的说辞，一心希望从这位先生手中获得一笔丰厚的资金。

诸如此类的还有我们的谈话、团队会议、情人间的密谈、朋友之间的聊天，你能想到的任何一种需要动用口才的领域。明明于事无补，我们还在苦口婆心，说起来没完没了，就像"汪汪的狗叫"或草原上的"狼啸"一样，一点问题解决不了。不但浪费口水，关键是在一点一滴地浪费时间和生命。

这不是方法问题，而是效率的问题。

当争执无价值，聪明人应该闭嘴不言

很多时候，由于你刻意卖弄自己的口才，没有管好嘴巴，结果在你急于表现自己的同时，也充分暴露了自己知识浅薄的弱点，最终还是那张嘴误了你自己。为此，我们必须给那些自以为通过天才的表现力就能赢得求职成功的人泼点冷水，没有哪家公司愿意看到你是一个"天才"，假如你真是的话。所以，卖弄口才或者争执到底的行为，不是在帮你，而是害你。有时候，一看苗头不对，赶紧闭上嘴巴，才是聪明的选择。

最大的愚蠢：迫不及待地抢话或者争辩

有的人在求职时，为了获得面试官的好感，就会试图通过语言的"攻势"来"征服"对方。就像选秀节目中的选手们想尽一切办法使自己显得另类一样。怎样打动对方？他们往往会选择主动出击的办法。他们的自我表现欲极强，在面试时根本不管面试官想看到什么，究竟买不买他的账，完全进入一种自我中心主义的状态，还没说上两句话，就迫不及待地拉开了"阵势"，卖弄口才，力求自己在对话中占到上风，生怕让面试官认为自己没能力。

他们迫不及待得像在攻打一座阵地，在抢话、插话、争辩等各个方面，利用一切机会表现自己。

我记得自己当年第一次找工作面试时，也差点栽在这上面。当我坐在人事经理面前时，还没等他问，我就脱口而出："您好，我毕业于×××学校，在学校时，我一直是学生会的主席……"还好，人事经理皱起的眉头及时阻止了我,他的表情就像在说:"你讲的这些东西我不想听,我实在听腻了!"

我立刻停下了,闭上嘴,不再说话。人事经理拿起我的报名表,轻轻看了一眼,只有半秒的时间,他对那份表格就不再感兴趣,然后他开始拿起水杯,喝茶,看手中的报纸,好像我已经消失了,像空气一样从门缝中飘走了。

足有五分钟的时间,他没有问我一句话,我也没有任何回答。我一度想主动询问,或者起身离开,避免如此尴尬的气氛(也许有人还会认为这是羞辱)。不过,我控制住了自己,我想看看他到底想干什么。

又过了三分钟,我们彼此沉默了足足八分钟之后……他终于抬起头,看了我两眼,笑了笑,说:"明天来上班吧,你被录用了。"

我惊讶地问:"就这么简单?"

"对。"

我小心地问:"您能说说理由吗,您一个问题都没问我,为什么会录用我?"

人事经理想了想,说:"你可以很好地调整和控制自己的状态,这是一项非常难得的品质。"

他的这句话,让我受益至今,尤其在我做了管理者之后,更加认识到那些在说话时喜欢争分夺秒的行为和迫切证明自己的心理是多么愚蠢。当然,我们不能说爱抢话或爱插话的人都浅薄,但人们往往非常讨厌这种"管不住嘴"的现象。因此,无论是求职面试还是内部讨论,无论你的见解是多么的卓尔不群,别人对你的看法或观点有多大的偏差,在对方把话说完之前,你千万不可插嘴,这既是对他人最起码的尊重,也是表现自己涵养的重要手段。

你认为别人的话偏差太大，不合自己的意，没有顺应内心的期待以及你设定好的思路，说明他对你已经持有成见，或者你对谈话的预测出现了错误。在这个时候，无论你再插话和抢话也已于事无补，只能增加他对你的反感。

一个人插话、抢话的下一步，无非就是争论或争辩。这样的情况，总有两个目的：1.证明我是对的；2.证明对方是错的。

但如果谈话、讨论变成了争论和争吵，还有意义吗？不管面试还是会议，都将变得尴尬。有一个求职者在谈话中，一直对我用争辩和反驳的语气："为什么不是这样！""我有我的见解，不管您怎么想。"我说："那你对公司还有什么价值呢？我们需要的是你理解公司，而不是公司理解你。"听起来无比残酷，但这就是事实，而且是非常简单的一个道理。我需要一只在口头上不肯服输的总想咬公司一口的狼吗？我会忍受他有事没事就反问我，或者要求公司理解他吗？没有任何一家企业愿意接纳这样的员工——假如他不想改变这种自我定位的话。

争辩或许能表现出他的才智、机灵、推理能力和说服能力，是一种非常强势的体现。他可能在某个细节上挽回了面子，殊不知就在他"过足了口瘾"的同时，面试官从大局考虑，为了团队或公司将来能得安宁，已经放弃对他的录用了。会议中的同事和老板，已经因为他的咄咄逼人，对他的印象变得极为糟糕。

赢得一场争辩而失去一份好的工作或好的印象，可谓是"因小失大"。交谈的目标不是在谈话中取胜，也不是去开一场辩论会，而是要得到工作或解决真正的问题。如果你在谈话中过于和对方"较真儿"，使得对方对你很伤脑筋，认为你"根本不是来找工作的，而是故意来找碴儿的"，"根本不是为了公司着想，而是当着众人出风头"。可想而知，事情的结果将会多么让你失望！

于事无补还要争辩，说明你：

一、不识时务，不懂服从。

二、强出头，影响团队利益，只好个人面子。

三、对于集体来说你是离心力强的危险分子，容易背叛。

适时闭嘴，你才能得到更多

处于任何地位的人都必须懂得适时闭嘴的羊性智慧。

员工多听少说，不争辩多服从，老板最喜欢，因为这样的人知进退，懂服从，有自知之明，甘为团队让出个人利益。

管理者少说话，少跟下属斗气，多给下属表现机会，员工会认为这样的老板心胸宽广，性格随和，他的忠诚度就会大大增加，愿意为你努力工作。

对此，我的忠告是：即便你真的需要赢得一场辩论，也不可追求一时的成败。放弃暂时的胜负，你要做的是力求下次有备而战，莫为一时的输赢而赌气。很多时候，我们如果投入太多赌注进行决战，即便一时险胜，也是惨胜如败，搞不好就是两败俱伤。就像草原上的两只狼打架一样，输者尸横荒野，赢者遍体鳞伤，等待它的是猎人的猎枪。其实是没有赢家的。

不做糊涂虫，该说也得说

不管是羊还是狼，张嘴说话都得挑时机，但关键是，当你必须说点什么，动用自己的利齿"咬"人时，我们一刻也不能犹豫。该说就得说，不然你也会吃亏。

1. 边缘利益可以让，核心利益不能丢，原则的问题寸步不让。

2. 该聪明时不能糊涂，该说的话一定得说。憋在心里就等于让人咬了一口。

这就是职场羊说话的两条基本原则。羊性倡导温和，有柔有刚，柔道为主，刚道为辅，富有弹性。所谓柔道，就是我们上一节说的，学会沉默和闭嘴的智慧；刚道，则是很有必要的反击之术。羊急了眼也会踢人，它的力气不大，但它会用最恰当的反应告诉你，这是它的区域，他人禁止闯入。

作为一只聪明的职场羊，他不会贪得无厌，却也绝不出让半点核心利益。所以羊温顺，但他不糊涂。现代社会，我们就应该学习羊的这种优点，平易近人，健谈，会谈，并且关键时刻善于保卫自身利益。

对上司：不合理命令如何化解？

我在西安一家公司刚开始我的IT生涯时，老总经常半夜让我起床回公司加班。他总是在我睡得正香时突然打来电话："小尚，半小时后到公司，有些急务处理。"或者是："赶紧过来，这里有同事在等着你，马上。"

我该怎么办？你会怎么办？

起初我抱着极大的理解对待这些临时性的不合理的工作要求，我认为自己刚在公司站稳脚跟，业绩不怎么好，地位不稳固，所以多为公司贡献，一定会获得回报。

但时间长了，我发现并不是这样的。首先，所谓的回报一点都没有，除了一碗免费提供的泡面；其次，老总类似的要求越来越多，不断提出更多的不合理命令。比如，我的法定假期在不停地缩短，我的工作量逐步加大，工资却未见增长，我在公司的前途也没有得到保障：付出越来越多，回报却是雾里看花。

最后我认为：不能再这么沉默下去，否则我就是被人利用的傻瓜。

"非计划性加班"如果在你身上成为常态，往往有两种可能：1.公司很需要你；2.上司认为你好欺负。

如果是1，你就要检查自己在公司的地位、待遇是否与你现在的付出相符。如果是2，你就要考虑用合适的方法向上司提出质疑，不能再一句话不说，否则你在这里工作十年也不会得到应有的回报，因为上司明显是在利用你。

所以，我采取了三个办法。第一，我先向老总提出加薪，试探他的反应，结果他没有任何反应，只说"公司需要考虑"，考虑了一个多月，也没有回应；第二，我了解了一下同事们是否也经常遭到这样的待遇，结果是，几乎所有的同事都和我心有戚戚焉；第三，我确定这只是老总惯用的伎俩后，又检视了一遍自己当前的情况，如果跳槽，是否能找到一份比这更好的工作，答案是：我可以。

然后，我向公司提出了辞职。老总没有批准我的辞职，但是不合理的加班消失了。半个月后，他找我谈话，希望升我为技术部的主任，负责技术部门的行政主管工作。此举更加坚定了我离开的决心，因为这恰好表明了我的价值。

两个月后，我离开西安到了深圳，加入了一家更有实力的IT公司。

化解上司不合理的命令，我们最好的方法并不是第一时间进行抗议。即便抗议可以解决问题，也会在他心中留下一个疙瘩：你得罪了顶头上司，有好果子吃吗？等于堵塞了你在这家公司的上升通道。我的三个步骤，你可以试一下，相信一定有好的结果。

对下属：得寸进尺怎么办？

对于下属的不合理要求，我们也要在必要时勇敢说不，铁面无私，体现出最坚决和不可动摇的原则。否则他得寸进尺，一旦得逞，你会陷入被动，处处受人所制，管理者的权威将荡然无存。

在一次管理论坛的讨论结束后，有位公司的老总问我：尚总，如果下属威胁你怎么办？他问到的，恰恰是我们相当一部分管理者比较头疼的问题。

我首先要说的是，对管理者来说，不管是老板还是部门负责人，他都拥有公司授予的管理职权，有分配资源以及使用人力的权力；而下属是被管理者，他在公司的地位较低，话语权小于管理者。这是管理者的天然优势，即便你像羊一样温和，不如他那般强硬，对他的咄咄逼人，你也根本不用害怕，因为双方的地位决定了你是拥有主动权的，就像联合国安理会常任理事国的一票否决权。

1. 拿出基本的态度

作为管理者，你是不用怕任何人威胁的（除非你无理在先），如果不想好好工作的下属无理冒犯管理者的权威，你完全可以让他离开。公司离开任何人都不会受到影响的，没有谁可以例外。不管怎么样，你必须先把这种态度拿出来，让下属对你望而生畏，有了畏，才会有敬。

管理者如果没有这种基本的态度，就已经输掉了一半；你不拿出这种态度，他感受不到压力，还以为自己很主动，当然就会得寸进尺；你不拿出这种态度，你将没有任何的权威，将主动变为被动，白白浪费手中的权力；而且你不拿出这种态度，以后的工作就没办法开展了。

所以，我在公司的管理中，就经常在无形中向下属传达这样一种观念：任何事情都可以和老板协商与沟通，但千万不要威胁。下属是没有资格威胁上司的，这是公司的基本伦理。谁不接受，就得走人！

2. 和下属保持适当的距离

距离是非常必要的，上司和下属之间，应该生活归生活，工作归工作，不要把生活中的情感带入工作，也不要把工作上的情绪带入生活，否则就将极大影响工作的开展与效率，还会搅得双方的生活一团糟。工作和生活扯到一块，到时有事就说不清了。

有了距离，管理者的强势才有展现的空间，才有实施柔性管理的资本。下属和上司走得太近，有时碍于面子，当你必须说一些狠话的时候，你即便说出来了，对方也感受不到分量，反而还觉得委屈。如此，你的话就起不到计划中的管理效果。用我的话来说：距离是天然的权威！

3. 解决根本问题

管理者要思考下属凭什么来威胁你，他为什么敢于得寸进尺。一般来说，下属敢进一步提出要求，往往是因为他有核心本领，业绩好，能力强，或者他是公司的骨干，是不可替代的员工。如果他认为自己得到的回报太少，就会凭借这种地位，威胁你或不停地"逼迫"你，以满足他的要求。如果事实确实如此，你唯一的办法就是满足他的合理要求。但对于不合理的部分，你要坚决打击，消除他的幻想。

羊性管理第 3 守则

做人的潜规则：做对人才能做对事

温顺，但不是百依百顺

崇尚狼性的人一般会怎么做人呢？我在台湾时曾经遇到一位公司高管，在业内他有一个"森林狼"的绰号。这是因为他姓杨，又喜欢把管理比喻为"经营一片森林"，所以了解他的人就这么称呼他。杨总对我说："森林中什么最重要？赢家通吃，只要有实力，你可以为所欲为。现今的生存环境下，我们无法不强硬，不能不强势。"

这是典型的狼道。他的员工对此的体会是最深的。杨总还有另一个口号："只做事不做人！"他说："事情做对了，一切OK，我不管私情，只要公理。我的公理就是，把事给我做好，其他全按规则办，没什么好说的。"非常在理，但却毫不现实。如果所有的人都成为冷冰冰的动物，可能他这个观点就是对的，可遗憾的是，人不是动物，我们的工作和生活也不是森林。所以，一个不会做人的狼老总，他迟早会被架空。

我的原则尽可能照顾到了另一面：温情对于管理来说至关重要，因为我们要维护秩序，就不仅需要生硬的规则，还需要释放个人魅力。无论你的位置有多高，在做人方面一定要平和温顺，使人乐意接近。对一只职场羊来说，人缘好是非常重要的。

当然，这绝非让你对任何事都百依百顺，守卫底线对我们来说往往是一个大于一切的原则。

温和与底线，两者如何平衡，怎样把握？哪些底线需要坚决守卫，哪些又可以顺其自然呢？比如，当你和朋友的相处涉及金钱时，你会如何处理？有的人对朋友特别好，好到连一只羊羔都看不下去了，什么忙都帮，只要一个电话，银行卡拿去任他取。可谓是为朋友两肋插刀，义薄云天。他觉得自己真会做人，实际上却是将自己视为鱼肉，因为真正的朋友绝不会这么对待他。

我有一句话，是用来定位朋友关系的："小钱别在乎，大钱要抓紧。"朋友用钱，小地方可以随便些，临时救急和拆借，没问题，但如果缺失了一个底线，把你当银行取款机，你就要小心了，因为这不是朋友，而是披着朋友外衣的骗子，是狼。对于狼，羊的原则就是：如果你不走，我就离开。

除了钱，朋友经常让你帮忙，这很好，朋友就是用来帮忙的。不过，有一些事不能干：出卖别人的事别干；算计别人的事别干；涉及领导隐私的事别干；影响自己家庭的事也别干；牵涉朋友婚姻的事尽量别插手，以免留下说不清道不明的后患，因为很多人就栽在这些琐碎小事上。

说了这么多，就是一个温和管理的基本原则：距离。我们与人交往，要有一个安全距离，也就是羊的安全距离：可以和别人挨一块取暖，但你要守住自己过冬的草。

回到我和杨总的讨论，管理者怎样处理做人与做事的关系？我对他说了自己的主张：森林最重要的不是实力，而是地位和秩序。管理者对下属，首先要随和，但不能随意，该发威的时候不要含糊，但是该柔情的时候也不能整天板着脸。实力决定论是最害人的理论，早就过时的狼性法则对我们很多人的管理心态影响至今，祸害不浅。

山羊不发威，当我是病猫

公司刚在北京成立时，开始了招聘工作。初期，为了公司的发展需要，我对于员工是非常慷慨的：1. 工资普遍比较高，福利也好；2. 管理上我的态度是地位有等级，但态度无亲疏，我们同甘共苦；3. 从不说一句狠话，总是笑脸相待。

大部分员工都很感动，大家干劲十足，公司的效益特别好，发展很快。后来，我开始了第二轮招聘，又招了一些新员工，还是采用这三条管理准则。但时间一长，问题就出来了：你总是不发威，早晚有人觉得你是病猫。

有一位新进的男员工小赵，以为我是好脾气，有一天就想挑战我。小赵在公司做技术保障工作，有一次，公司的电脑在周五下午集体出了故障，导致邮箱无法打开，也没办法共享。我就让小赵去处理。结果一小时后，小赵还在自己的办公室坐着给女友打电话："今晚去哪儿吃饭？"他正对此感兴趣。

我敲敲门："问题解决了没有？"

他赶紧挂了电话，但是脸上带着笑意："老板，我觉得已经下午三点了，还有两个小时下班，修好也用不上了，所以就想周一再处理。"

你遇到过这样的下属吗？面对上司的命令，他会自己安排进度，并理直气壮。如果你"柔情过度"，他就觉得你可以糊弄，不会把他怎么样。他甚至会安慰自己："老板一定不会生气的，他顶多笑一笑，好多事他都是这样的，他真是一个通情达理的老板，就按我想的干吧！"

我正想找一件事在公司立威，他就撞到了枪口上。因为他做得实在太过分了：第一，不执行命令；第二，自己找理由开脱；第三，浪费公司的时间，影响其他同事的工作。

我当即说："半小时后到我办公室来一趟。"

三十分钟后，小赵带着满脸的委屈从公司走人。然后我给大家开了一个会，什么都没强调，只是在会上将这件事通报了一下，安排其他人处理技术故障，接着宣布散会，下班。当晚，技术部门的人加班将电脑全部修好，晚上十一点给我打电话，汇报了整个修理过程，向我保证今后再有类似事件，一定以最快的速度处理完毕。

从此，公司的员工自己就汲取了教训，认识到我这个老板虽然每天笑意盈盈，对下属非常宽厚，却也不是没有底线的。管理者需要刚柔相济，我们不要像狼那样总是张开利齿吓人，当然也不可全然像柔弱的羊羔那样步步退却。我们要做的，是一只有原则的羊。

狼的本性：远之则怨，近之则不恭

这句话怎么讲呢？太远了，会抱怨你；太近了，又不拿你当回事。这是中国的传统智慧，放到现代管理上，依然很适用。

我们可以举出很多例子，比如男人和女人，这句经典的总结本来就是源自男女关系；在管理上，它同样具有代表性的意义，因为对老板来说，员工就像"女人"。比如历史上的权臣与皇帝，权臣在刚开始掌权时，风光无限，一时无两，谁也动不了他，可是最后还是免不了被诛杀。被杀掉的理由多种多样，但根本原因一般都只有一条：自我膨胀，以为皇帝真是病猫。

在一家大型外企，中国籍的部门负责人苏总，与集团的美籍高管马丁·金关系很好，两人在业务上互相帮助，彼此支持，亲密无间地合作了三年。苏总的年薪也是越来越高，一度成为业内佳话。

但一年前，我听说他离职了，为什么呢？因为他越规了，以为两个人的"友情"超过了任何一种工作关系，逐渐丧失了分寸，对马丁的私生活指手画脚——马丁离婚的原因就与这位苏总有关，他莽撞地将马丁的前妻定性为"必须离婚才能摆脱的麻烦"。结果马丁离婚后，才发现两人的感情根本没有问题，只是有些小摩擦，离婚实在是太仓促了，而这全是姓苏的中国人搞的鬼！

苏总因为这事，在公司遭到了当头一棒。他被调职去了浙江的一家分公司，降职，并且降薪。作为一位在公司红到发紫的人物，他不可能接受这种羞辱，所以当夜就写了辞职书。

这是很典型的"远则怨，近之不恭"的例子，在管理上尤为忌讳。从心理学的角度看，每个人都有这种不理性的心理，总想拉近距离，但距离太近了，又会情不自禁地陷入自满状态，行为上失去了自我约束。这恰恰是狼的本性，因为每个人都想得到更多。所以，聪明的管理者，一定会尽可能保持与下属的距离，在随和与宽容的同时，又能适当举起威权的大棒，警告那些伺机靠近的"野心家"。

如果不能很好地处理两者之间的关系，那我们在做人方面就是不成功的。

老板有面子，你才有价值

在职场做人，你首先是做给老板看的，其次是做给同事和下属看的。一个人的价值，除了他自己的实际工作能力，还体现在上司的眼中。你让他有面子，他就觉得你有价值，这是亘古不变的真理。不要说中国人，日本人、英国人和美国人都是这样的，老板就是要体现高高在上的感觉，下属就要衬托出他的权威性。有所区别的是，东西方文化用来展示的体系不一样，在公司中就表现为不同的管理文化。

★羊性智慧的做人第二原则，就是懂得在老板面前做绿叶。

1. 当上司比你出色时，你要明白何时赞美和如何赞美。

2. 当上司比你逊色时，你要深谙为他"创造功劳"的重要性和相关的技巧。

不要显摆自己做过什么

很多人常常犯的一个错误就是，为了在自己的老板面前留下好印象或者显示自己的能干，总是有意无意地说起自己辉煌的过去。殊不知这样做不但不会得到老板的好感，还会让他误以为你太喜欢炫耀了。其实，他需要的往往不是你过去的辉煌，而是现在或者将来你能够给公司带来什么。

林逸是某名牌大学营销专业的高材生，还有一个月就要大学毕业了，同学们都已经有了归宿，要么找到了工作，要么考研成功。唯独他一个人既没有考研，也没有找到工作。他说自己不是找不到好工作，而是普通公司他看不上眼。他的目标是世界500强企业。一时间，大家都为他了不起的志向而叹服，不少朋友在他面前甚至有些自卑了。

"你看小林，人家的目标是世界500强啊！唉，我呢，能在家乡小镇上的企业半死不活地混几年，养家糊口，就很满足了。"

功夫不负有心人，他接到了某跨国企业中国分公司的面试通知。他兴奋不已，心想这一天终于盼来了。

第二天林逸就去面试，第一关和第二关都通过了，只有最后一关了，这一关是他直接和老板对话。这时所有面试的人只剩下林逸和另外一个看起来文文静静的女孩。

为了试探女孩的底细，林逸就问女孩是哪个学校毕业的。女孩大方地告诉了他。他一听，心里笑了，这个对手太差，在我手下走不了一个回合。因为女孩的学校太一般，根本没法与他读的大学相比。他觉得自己胜券在握。

面试开始，老板分别给林逸和女孩五分钟自由陈述的时间。

林逸先发制人，滔滔不绝地说起了自己以前如何如何出色，并且一口气说出了他获得的所有奖项和证书，他认为，这些应该是他求职胜利的最大砝码。老板对他的陈述不动声色。

轮到女孩了，女孩对自己过去所取得的成绩只字不提，而是重点陈述她进公司后将会如何为公司创造价值，尤其令老板点头称许的是，女孩说到了为公司设想的新产品营销推广的方案。

面试结束后，林逸相信自己一定会被录取，于是提前请好友吃饭，告诉他们这个好消息（许多人都是这样的，事情还没成功，就开始显摆）。谈笑间，他接到一个电话，正是该分公司打来的，林逸心想，肯定是通知自己被录取了。得意之下，他把电话设为免提状态，让席间众友都凑过来听。这真是一个失败至极、让他尴尬一生的决定，因为对方在电话中告诉他，他没有被录取，公司录取的是那位女孩。

林逸怎么也想不通，他彻夜未眠，第二天一早就给该公司打电话想问个明白，他很委屈地问："请告诉我，为什么我没有被录取？我以前取得了那么多的成绩为什么没有被录取？"

对方只说了一句话："过去并不等于未来。你的过去对我们公司毫无意义。"

这话就像一盆冷水浇在他的头上，林逸此时才彻底醒悟：过去不等于现在，也并不等于未来。

如果你不明白，你也会像林逸一样栽在自己刻意显摆的过去上。对我们每个人而言，人生只有昨天、今天和明天，昨天是一张作废的支票，不管它多么辉煌；明天是一张尚未兑现的期票，无论它可期的价值有多高。只有今天，才是我们能够把握的现金，才具有流动使用的价值。一个人如果整天沉迷于过去的辉煌之中，那么他的人生就到此结束了，他不会再有任何的进步了。

优秀的老板并不看重你过去的辉煌，他看重的是你现在能为公司做什么，你未来可以为公司创造多大的价值。

明智的老板都明白这样一个道理，并坚持这样的信念：过去的成功或者失败，只代表过去，未来还要靠现在！

著名的华人成功学权威陈安之先生也引用"过去不等于未来"作为其成功法则之一。他认为，人生最重要的不是你从哪里来，而是你要到哪里去。不论你的过去如何不幸，如何平庸，都一点不重要，重要的是你对未来必须充满希望。只要你对未来保持希望，你现在就会充满力量。只要你调整好心态，明确了目标，乐观积极地去行动，那么成功就一定是你的。

因此，一个优秀、聪明的人，总是默默地干着自己应该做的事情，只有缺乏自信的人才总是在老板面前说自己过去如何如何好。老板的眼睛总是雪亮的——除非他是那种注定破产的炮灰老板，不要以为他不在你的身边就不知道你在做什么。他关注的是现在，不是你以前多么出色。你现在的一切行动都在老板的掌握之中，你是否真正胜任一份工作，他心知肚明，绝不会轻易地就被你制造的假象忽悠。

想让老板喜欢吗？你只要做到两点：

一、脚踏实地做实事

任何一个老板都喜欢做实事的人，只有把事情做得很漂亮的员工，才会得到老板的信任与重用，才会拥有在老板的眼中做人的资本，他们加薪和晋升都很快。这样的人有一个共同的特点，他们很少夸夸其谈，喜欢用事实说话。少说话，多做事，是他们行动的准则。事实上，少说话，没有人会把你当哑巴。有一项统计就显示，在职场，言简意赅的人比炫耀自己口才的人更能够得到老板和同事的尊重。

说适当的话，做有效的事，老板就需要这样的员工。

二、目标是超越过去

时刻准备超越自我，我们要比过去做得更好，而不是一直沉睡在功劳簿上。一个人的过去无论是不堪回首，还是风光无限，都会随着时光的流逝而成为不可改变的历史。未来是一段崭新的历程，如果一个人因为在过去的旅途中摔过跤，便永远背着沉重的包袱生活，那么他就会在痛苦悔恨中失去未来。如果因为过去的辉煌而停止脚步，吃老本，指望着一点成绩就混一辈子，他的未来将不会好过，同样会失去计划中的明天。

所以你要记住，当你面试或者刚刚进入某一家公司的时候，千万不要在老板面前对你的过去夸夸其谈。最重要的是：你应该说出你今后的打算，展现你把握现在和未来的能力。

不要只做上司让你做的事，更要做那些你应该做的事

怎样才叫做成功？英国的思想家赛克斯是这样描述的："成功是做你应该做的事，成功不是做你不应该做的事。"应该做的事情包括你喜欢的事情和你不喜欢的。什么是不喜欢的？通常来看，我们会发现"应该做的事"恰恰不受员工的喜爱，他们更想迎合上司的心理，只想做上司让做的工作。然而没有谁是可以为所欲为的。尽管有些事情你不喜欢，但为了成功，为了将来能够做最有价值的事情，你也必须做。

所以，我再次强调：作为一个聪明的员工，不要只做老板让你做的事情，更要做你应该做的事情。做老板让你做的事情，按时完成他对你布置的任务，你只能成为一个听话和投其所好的员工，但你仅仅停留在

一个合格的阶段。老板更喜欢什么样的下属呢？不仅要听话，还要有思想有创造力，最主要的是能够为公司带来价值。

老赵是某出版社的编辑，十年的时间勤勤恳恳，没有功劳也有苦劳，可是让他感到无奈与沮丧的是，当初与他一起进来的小秦现在已经是总编助理了，而他依然是待遇最低的最不受重视的文字编辑。

他很纳闷，也很愤愤不平：我到底做错了什么？每次领导布置的任务我都按时完成，从来没有挨过领导的批评，也没有做过任何对不起领导的事情，为什么就得不到领导的赏识呢？这个世界真不公平！

尽管他满肚子的抱怨，但也只能够压在心底。但是这一天，社长把老赵叫到办公室。他从来没有和社长正面交谈过，心想，这一次肯定有什么好事发生了，是不是要升我的职了？

社长先说了一番无关痛痒的话，对老赵的勤勤恳恳夸赞了一番，最后切入正题："老赵啊，由于社里近年来的效益不好，经过研究决定，将辞退部分员工。所以，你应该明白……"

老赵顿时感到晴天霹雳，这是让他失业下岗，丢掉饭碗。他再也忍不住了，质问社长为什么要辞退他。

"我做错了什么？"

社长说："老赵，虽然你总能按时完成规定的工作，但那些工作是远远不够的，任何人都可以取代你的位置。换句话说，你是可有可无的，因为你无法为社里创造效益，在效益不景气的情况下，我们只能作出这样的决定了。"

听到这个解释，老赵彻底傻了，他哑口无言。

如果一个员工在公司的位置处于可有可无的状态，那么他被炒掉的风险性就很大了。因为任何一个公司都不需要摆设和花瓶——除非你是领导刻意需要的形象摆设和漂亮花瓶。如果你不能够为公司带来效益，那么老板只好请你出局。你做的工作人人都能够替代，公司还要你做什么呢？如果你不想被老板炒掉，就应该让自己变得与众不同和不可替代。

也就是说，你要让公司觉得你很重要，让老板发现他离不开你。

怎样才能够做到这一点？答案就是：做你应该做的事。

小秦为什么后来居上，得到社里的信任？他刚进来的时候，和老赵一样，主要任务就是看稿子，但他不像老赵那样按部就班地完成社里布置的任务就交差了，他总是比规定的时间提前一两天完成工作，并且还会恰当地对稿件提出一些建设性的意见，比如如何宣传推广什么的。此外，小秦敢于打破职责所限，在看稿子之余，自己还策划一些选题，尽管绝大多数的选题被领导否决了，他也不会气馁。后来他终于做了一本畅销书，然后就被提拔为策划编辑。

此后，社里规定策划编辑每个月要自己独立策划三个选题，小秦就策划五到六个。他总会提前完成任务，留给领导一些思考的时间。他总会在完成领导布置任务的前提下，再给自己加一些额外工作。就这样，小秦的工作给社里带来了可观的效益。不到五年，他就被提拔为总编助理。

这就是两人的根本不同，老赵只做领导布置的任务，小秦不仅做领导让他做的事情，还做他觉得应该做的事情。

在一次员工培训课上，有三个问题请接受培训的人回答："第一个问题是，你喜欢做什么。第二个问题，你能做什么。第三个问题，你应该做什么。那么我们该如何来安排这三个问题，或者说当这三个问题的答案不一致的时候我们应该做出怎样的选择？"

有的人说应该做自己喜欢做的事情，有的人说应该做自己能做的事情，还有的人说应该做自己应该做的事情。但这些人的答案并不能让提问者满意。最后有一个人站起来说："如果是我，我首先做自己能够做的事情，为了生存，我没得选择。但是，这并不一定就是我所喜欢和我应该做的事情，所以我第二步会选择做我应该做的事情，从各方面锻炼自己的能力，积累经验。有了一定的成绩之后，我再选择做自己喜欢做的事情。因为这时候我不必再为生存发愁，我已经具备了做自己喜欢的事情的条件了。"

只有他的回答获得了人们热烈的掌声，也得到了培训专员的肯定。

狼会一口气吃掉最想吃的东西，然后明天就不知道到哪里寻食。羊却能很好地控制自己，有计划地吃掉领地内的草。只吃应该吃的，而不是最想吃的？事实就是这样的，羊的草原常常是郁郁葱葱，狼的领地却往往一片荒芜。

风头留给同事，实惠留给自己

想做一个聪明的人，你就不能独占一切好处。你必须分些功劳给同事，但要让上司心中有数。你也必须分些功劳给下属，让他们收获成就感，以后更愿意为你卖命。这么做的好处多多，一是能笼络同事，让他们觉得你的强大对他们有益，二是你能够在老板和下属的眼中表现出足够的价值和人格魅力。

现在很多人都不愿让功，都在抢功，都在做狼。狼是不会将嘴里的肉分给别人的，到口的肉就要吞下去。但结果怎么样呢？你争我抢，头破血流，得到好处的没几个，反倒是那些不在乎小功小利的人，最后能成大器，赢得的实惠最多。

一个能坐高位的人，不贪功，不居功，乐意跟人分享成功，是他们得以居于高位的必备的素质。

这也是最为现实和理智的劝告：永远不要跟人抢风头，你只要做好自己该做的事。也就是说，要想混得好，让大家都满意，你就不能专找出风头的事干，而是应该选择自己最该做的事。

在我们身边，有些人是最爱出风头的，我就遇到过这样的同事，当时领导分配给我们的工作，他总是抢着包揽到自己身上，其实领导根本就没有指定让他自己去做。有时候，领导分配给我单独做的工作，他也会积极地过来插一杠子，好像公司离了他不行，任何事都必须体现他的价值。

然而，真正需要吃苦受累的工作，他又躲得远远的，是不会去做的。风头全是他出的，好处也让他得了，苦劳全记在了别人的头上。当时我不是那种喜欢显示自己的人，只知道埋头写程序，处理一切交到我手上的任务，哪怕是同事们最不屑于做的事情。但是，领导却经常会说他很能干。

遇到这种情况，你该怎么办？

成功依靠实力，这是我们都知道的道理。但是，所谓的实力并不像一般人想象的那样是金钱、关系和学历。人们看待成功人士，往往只见到了表面，专注于他一时的运气和做成某种事业的客观条件，却看漏了他赖以成就大事的内部原因，忽视了他成功的背后所付出的努力和多年的辛苦修炼。

换句话说，成功者有实力，也不一定就要第一时间展示出来。暂时的风头就像昙花一现，往往不持久。记得 19 世纪的美国诗人罗威尔说过的那句话吗？"只有蠢人和死人，永不改变他们的意见。"

★要想进入一扇门，你就必须让自己的头比门框更矮；要想登上成功的项峰，你就必须低头弯腰做好准备工作。

明代的大政治家吕坤以他丰富的阅历和对历史人生的深邃观察，在他的《呻吟语》一书中说道：精明也要十分，只须藏在浑厚里作用。古今得祸，精明人十居其九，未有浑厚而得祸者。意思就是说，人们对于聪明、精明还是非常需要的，但关键是要在浑厚中悄悄地运用。古往今来将祸的绝大多数都是那些自恃聪明、卖弄聪明的人，喜欢外露的人，没有心里绝项聪明而表面上又深藏不露的人会得祸的。

他还说：愚者人笑之，聪明者不疑之。聪明而愚，其大智也。夫《诗》云"靡哲不愚"，则知不愚非哲也。意思是：愚蠢的人，别人会讥笑他；聪明的人，别人会怀疑他。只有聪明而看起来又愚笨的人，才是真正的大智者。

少出风头，其实就是欲望管理的一部分。

什么是欲望管理？

第一，控制"成就感"：自己的功劳，少拿出来显摆。

我们做成了一些事，就有让大家都知道并佩服自己的欲望，这就是成就感。事实上，绝大部分的"成就感"是源于他人的敬重，而不是自我满足。因此，我所讲的欲望管理的第一部分，就是要学会控制自己显摆功劳的冲动，哪怕你是老板。

我曾经见过一位部门经理，每次开会就大讲特讲自己在项目中的功劳，决策多么英明，行动多么迅速，领导多么得力，下边的人都烦得不行，耳朵快听出了老茧。一句话，他满足于过去成绩的心理太重，有事就强调自己的作用。如果你是老板，这么做倒还不是特别危险；如果你是一个下属，那就麻烦了，上司会很爽吗？老板会因此重视你吗？肯定相反，他会觉得你是一个自大到极点的人，太爱出风头，早晚会收拾你。

- 第二，杜绝"占便宜"的心理：别人的便宜不要占，他人的功劳不要抢。

有一项调查显示，有超过半数的人说自己经常被同事抢功。其中24.78%的人会选择默默忍受，有23.78%的人选择找自己的上司澄清事实，有14.6%的人则选择以牙还牙，有13.7%的人选择联合他人，发动群体力量，驱逐那些抢功的小人，另外有12.14%的人会选择离开，甩袖走人。

抢别人的功，这是职场司空见惯的事情了，没有不想占便宜的人，所以现实中的职场，爱占便宜的特别多。这不仅是一个人品问题，也是一个管理问题。

碰到有人抢风头，你怎么办？

首先你要搞清楚，和你争功的这个人，是跟你一个团队，还是另属于其他部门。如果不是，你当仁不让，千万不要对他谦让，因为没有退让的价值。如果是，你就要考虑，他是你的同事、竞争对手，还是你的上司。

如果和你抢功的是你的顶头上司，是老板，从积极的方面讲，说明你已经成为他所倚重的人；从消极的方面说，你要小心，因为你可能陷入被利用的境地。你要抓住这个机会，让出风头可以，但要得到实惠，比如升职，加薪，更好的发展前景。要知道，再温顺的羊，想活得好，也是需要吃草的，尤其是肥美的草。所以，新的机会比暂时的风头更重要。

第三，计算成功的"风险成本"：在高风险面前，首先抵抗诱惑。

有一位公司的销售经理老蒋，某天拍脑袋突然想出一个绝妙的主意，他制定了一份超有创意的广告投入计划，在当地举办模特大赛，公司做冠名赞助，然后打响产品的知名度。但这份计划书的缺陷在于，他们公司的产品与模特大赛的性质相差甚远，风马牛不相及，这就面临两种极端：要么产品一炮打响，要么观众只注意美女模特了，对他们的产品根本不感兴趣。

在讨论会上，同事们纷纷投反对票，尤其市场部的经理激烈反对，毕竟他是管花钱的负责人，他认为：成本太高，回报不确定，而且业内没有先例，不值得冒险。老板则持观望态度，不说行，也不说不行。最后，决定权就落在老蒋的手中，这意味着老蒋要承担全部责任，因为老板不表态。

老蒋走了一步险棋，他坚决要做这份计划。如他所愿，公司为此投入了两百多万元经费，模特大赛顺利地举行，电视台有直播，网络有报道，引起了不小的轰动。但是半年过去了，产品的销量却没怎么增加。钱，白花了。老蒋虽然出尽了风头，却得到了一个最坏的结果：失去了老板和同事的信任。

这说明什么？出风头是有风险、有成本的。人人都想做成一件事，出出风头，小到普通员工，大到老板，都有这种心理，不想失去机会。于是，当诱惑足够大时，他们就忽视了风险。从做事业的角度看，这是最大的"风头"，不管有多大的风险，先做了再说，许多人都这么想。可是一般来说，结局往往是几家欢乐几家愁，并不是所有的冒险都能够成功——如果你不能对自己实现良好的欲望管理的话。

正确对待其他人的弱点

时刻考虑对方的自尊心

做人和处事，我们要跟其他人打交道，在这个过程中，有时我们需要时刻考虑对方的底线，尤其是他的自尊心。即便是最不成器的对手，若把他激怒，他也将变成一头雄狮，一个最危险的对手。

对于他人的弱点或缺陷，我们需要有"两心"：宽容心和同情心；在必要时，你还要帮助对方进行隐瞒和遮掩，以获取他的好感与支持。这就是羊的优点，羊不会把对手赶尽杀绝，就如它吃草只吃一半，从来不会连根拔起，狼却会将猎物追杀到一只不剩，绝没有给对手留条后路的思维。结果猎物死绝了，狼也会饿死。

这是一笔无形的长远投资。在同事中间，不管对待老板、同级或下属，谈话或者做事时，我们都要考虑团队中某些人的弱点，合理地安排，避免涉及尴尬的话题，照顾他们的自尊，为自己攒下一个牢不可破的好人缘。

★不考虑他人的自尊，实际上便是一种狼性的自恋。

★当你劝告别人时，若不顾及别人的自尊心，那么再好的言语都是没有正面价值的。

因此说话做事，你要记住两个最大的忌讳：一忌揭他人的短处，将对方的生理缺陷和生活污点等鲜为人知的短处当做笑料一一抖出，这会严重伤害对方的自尊心；二忌怀着讥讽的心态去与对方相处和谈话，如果开玩笑的出发点是为了贬低对方，指桑骂槐，那么就等同于你结下了一个水火不容的仇敌。

"良言一句三冬暖，恶语伤人六月寒。"这两句话绝不是夸张，而是事实。语言是思想的衣裳，谈吐是行动的羽翼。它既可以表现一个人使人愉悦的高雅，也可以表现出一个人让人厌恶的粗俗。言谈高雅代表着一个人的稳健，就像山羊淡定地站在绿草丰盈的山坡上；说话轻浮说明了一个人的草率无脑，如同一只恶气外露的狼毫无顾忌地穿梭在阴气弥漫的山谷，危险正等待着它。

作为一只聪明的职场羊，需要明白善说与不善说的区别，很难想象一个人想到什么就直接说什么，还能在职场活得如鱼得水。话说得合适，不仅能体现出自身修养的高雅，也能够让别人很舒服地接受他的观点或意见，使人愿意接近他，因为没有谁会喜欢那种经常用恶语伤人的人。我是这样的，马云和巴菲特以及索罗斯们同样如此。

一位顾客自备酒水来到一家酒店，服务员不小心碰到了他，酒瓶忽然掉下来摔破了。服务员马上道歉说："同志，对不起！这是我的过失。"说完，他立即掏出钱来赔偿。顾客见服务员连声赔礼，不但没有发火，反而自责说："不要紧，是我没有注意身边有人，用你们这里的酒水就好了。"一件很容易引发争吵和纠纷的事，就这样比较圆满地解决了。如果反过来呢？服务员若是不肯认错，反而讽刺顾客没长眼睛，那会出现什么情况？一定是无休止的吵闹，会把事情搞得无法收场，还会被媒体曝光，直接影响酒店的形象。

这就说明，我们说话不但应注意别人的底线，还要留意一个人最起码的自尊心。话到嘴边留三分，揭人短的老实话更是万万不能轻易出口。

齐小姐在某公司做办公室文员，她性格内向，不太爱说话。每当别人就某件事情征求她的意见时，她说出来的话总是很伤人，而且她的话总是在揭别人的"短处"和"缺点"。她在这方面十分缺乏表达技巧，不清楚如何讲话才能赢得别人的好感，做人十分失败。

有一次，同一部门的同事穿了一件新衣服，在办公室向大家展示，希望给点评价。别人都称赞"漂亮"、"合适"之类的话，可当人家问齐小姐的感觉如何时，她的老毛病又犯了，毫不犹豫地回答说："你的身材太胖，穿上这衣服全是肉啊，难看死了。而且这颜色对于你这个年纪的人显得太嫩了，根本就不合适。"

话一出口，原本兴致勃勃的同事大失所望，表情马上就僵住了，周围那些大赞衣服如何如何好的人也很尴尬。因为，齐小姐说的确实是实话，她没有信口开河，女同事确实很胖，皮肤也很老，可这样的话谁爱听？上帝听了估计也得心中一颤，全身不舒服。老实话得罪人，伤人心，说者事后懊悔，听者对你不满。久而久之，谁还理你？像齐小姐，她总是忍不住说些让人接受不了的实话。慢慢地，同事们把她排除在小圈子之外，很少再就某件事儿去征求她的意见了。她成了什么？一个在圈子里不被接纳的外人，那么离走人也就不远了。

这就是"快人快语"的坏处，也是我们必须话留三分真、只吐七分假的必要所在。因为如果不这样做，在人际交往中你就容易得罪他人，会让你在人际关系上屡遭挫折。比如你到医院探望住院的同事，你知道他病情很严重而他自己却不知情，这时你怎么说？如果你直接把自己知道的情况告诉他，你一定会因为鲁莽而不能被大家原谅。再比如说，早晨上班你遇到熟人，他向你问好，你心里正因某些事烦恼，便口无遮拦地说："好什么好，真见鬼了！"呛得人不知所措，那你一定会被认为是一个不知好歹和没有修养的人。他会觉得你在针对他，而不是真的心情不好。于是，你失去了一个朋友不说，还在大家眼中留下一个脾气暴躁和做人不地道的坏印象。以后没人再会主动跟你打招呼，只有你自己孤芳自赏。

一个懂得社交技巧的人，他应该知道在什么时候该以怎样合适的方式说话办事。我们当然得说实话，不能说谎，但实话不一定要直说，可以幽默地说、婉转地说或者延迟点说，可以私下交流而不是当众说。方法有很多，只要不伤人自尊，让人不悦，采取恰当的方式，效果会有很大的不同。

别在失意者的面前谈论你的得意

人生在世，不可能事事如意，更何况人无完人，再大的成功者也有失意的时候，因此当我们面对失意者时，宽容是第一态度。

如果你正得意，发了笔财，撞了大运，刚升了职……感觉极为良好，要你不谈论、不表现和不显摆，肯定不太容易，哪一个意气风发的人不是如此？所以得意也没什么好责怪的。但是，注意场合和对象。

看下面这个例子：

小孟有一次约了几个朋友来家里吃饭，这些人都是他的好朋友。他把大家聚集在一起，主要是想借着热闹的气氛，让目前正陷于情绪低潮的小李心情好一点，帮助他尽快走出低谷。

小李不久前因为经营不善，不得已将好好的公司关闭了，妻子也因为不堪现在的生活压力，正与他谈离婚的事。一个男人内忧外患，当然非常苦恼。

大家都知道这位朋友目前的遭遇，因此都避免去谈与事业有关的话题，而是聊些生活中的其他有趣之事，引小李开心。可酒过三巡，其中一位因为最近赚了很多钱，酒一下肚，就忍不住开始吹牛了，大谈他的赚钱本领和花钱的功夫，那种得意的神情，小孟看了不舒服，正处于失意中的小李也是低头不语，脸色非常难看，一会儿去上厕所，一会儿去洗脸，后来就找了个借口提前离开了。

小孟送他到巷口的时候，小李很生气地说："他会赚钱也不必在我面前说嘛！"

这个故事很明显地告诉我们，当你与别人相处时一定注意，切记不要在失意者面前谈论你的得意，不要在落魄者跟前展示你的风光。没人不让你展示自我，但要看场合和对象，你可以在演说的公开场合谈，对你的员工谈，享受他们投给你钦佩的目光，更可以对路边的陌生人谈，让人把你当成神经病，就是不要对失意的人谈，因为他们最脆弱，也最多心。你的谈论在他听来都充满了讽刺与嘲弄的味道，让失意的人感受到你"看不起"他。

当然有些人不在乎，你说你的，他听他的，可是这么豪放的人毕竟不太多。世上总是嫉妒者多于宽容者，明白吗？因此你所谈论的得意，对大部分失意的人是一种伤害，这种滋味也只有经历过的人才能知道。所以"得意必忘形，忘形就会遭报应"不是空话，而是血淋淋的现实。

这不仅是道德上的考虑，也是人际关系上的考虑。不仅中国人如此，外国人在这方面也同样很讲究。在美国的时候我就注意到，很少有美国人当着陌生人的面谈论自己的成功，他们就很敏感，生怕刺激到别人。谈论自己的成功，经常发生在私人宴会和朋友之间。

因为他们知道，如果听者众多而且自己不熟悉，就算没有正失意的人，但总也有景况不如他的家伙，你的得意很有可能引起他们的反感，人总是有嫉妒心的，这一点我们必须承认。当然，如果你不知道对方正失意则另当别论。可是一般来说，失意的人虽然较少攻击性，郁郁寡欢是他们最普遍的形态，但正因为如此，他们听了你的高谈阔论、见到了你的得意之后，反而会产生一种怀恨在心的逆反心理，引发深入内心的对你的嫉恨和攻击。

所以，你说得满面红光，口沫横飞，像拥有了全世界一样得意时，殊不知已经在失意者的心中埋下了一颗炸弹，说不准什么时候便定时爆炸，让你的得意变成落魄。他会透过各种方式来泄恨，例如说你坏话，扯你后腿，故意与你为敌，主要目的就是要看你得意到几时！最明显的则是马上疏远你，避免和你碰面，以免再"看到那个让我恶心的人"，于是你不知不觉中就会失去一个朋友。不管他所采取的泄恨手段对你造成多大的损失，至少这是你人际关系上的危机，对你绝对是没有好处的。所以，得意时就少说话，而且态度需要更加谦卑。当你有了得意之事，不管是升了官，发了财，或是事业顺利，切记别做满森林跑的狼，躲进羊圈反倒是最好的办法。

防人之心不可无

别做傻瓜的小绵羊

人们都说好人难做，难在什么地方？难在好心没好报，你宽宏大量，善良友好，拿他不当外人，他却狗咬吕洞宾，不识好人心，非得跟你斗到底。也就是说，我们做好人的同时，背后要长一只眼，时刻提防小人的暗算。因为这个世界上阴险的野心狼比比皆是，你若甘当傻瓜羊，那就只能被他吃掉了。

★世上到处都是狼，我们要想成功生存，就要做一只披着狼皮的羊。人不犯我，我不犯人；人若犯人，我必犯人。所以，我们不但要防小人，更要提防伪君子。

我认为，一个人身在职场，要做到三防：一防同级陷害，二防老板利用，三防下属背后下刀子。

人类社会就如同一个战场，在这么大的林子中，对人与事不可轻信，要时刻警惕，所以就要"防人之心不可无"。一千多年前的司马光都说："鉴前世之兴衰，考当今之得失。"为什么要学历史？就因为要总结教训，不犯前人犯过的错误。《三国演义》中，曹操败于赤壁的原因之一，就是轻信了黄盖的苦肉计，导致他的连环大船葬于火海。假如曹操当初多一份小心，或许就可以成为赤壁之战最后的赢家了。但他没有这份小心，结果让自己的几十万大军死在了大火之中，他侥幸从华容道逃生。这就是关键时刻不防人的下场。

兵法是讲究"兵不厌诈"的，战争如此，商场也如此，做人处事更是如同兵道。你不防人，别人防你；你把自己当善良的小绵羊，别人却是一群恶狼。因此羊性智慧并非让你对危险视而不见，相反，对于外界的危险，真正的羊一刻也不会放松警惕。越是看似弱势的人，防备就越严。狡兔有三窟，聪明羊有几副盾牌？现在定义一个成功的企业家，除了才华、资金，有没有防人之心是一个重要的管理标准，缺少防人之心的老板，不仅容易在管理上失败，也容易在事业上面临危险。

羊防狼，防的是敌人，信任的是朋友，要做到友敌有别，区别对待。对于敌人，如果不防，是不会有好下场的。吴王夫差血溅城墙，正是最典型的历史写照。越王勾践倒了霉，开始了传奇的十年卧薪尝胆，敌人就是敌人，早晚要报仇，这一点，他早就认准了，他比夫差看得透彻。勾践只记住了吴王的战车践踏了越国，绝不认同夫差对他的怜悯和宽恕。

吴王呢？他一相情愿地以为十年来的善待足以消除越王的报仇之念，可是正当他与西施醉生梦死之际，三千越甲演绎了一段传奇，杀入吴国灭了夫差。

换个角度来说，如果吴王有足够的防备心理和事前准备，越国就不会有什么可乘之机了，历史必然会走向另一个方向。

惨痛的历史教训时刻告诫我们：防人之心不可无。因为没有永远的朋友，只有永远的利益。人心隔肚皮，猜人心是最幼稚的行为，只有将每个竞争者甚至盟友都视作潜在之敌，动态看待，才是最终解决办法。尤其在道德缺失的今天，人们都是为了一己私利，我们更加无法从鼻山眼水中去窥探一个人的良心，但我们可以控制自己，不做善良的羊，只做狡猾的羊。如果不相信狼心有诈，轻信敌人，那么羊群就一定免不了被吃掉的结局。

杯弓蛇影的防人误区

现在不少中国公司老总都有下面这三个毛病：

一、只防圈子外的人，不防圈子内的人

对圈子外的人，他设置重重有形无形的障碍，杯弓蛇影，草木皆兵，时刻保持着高度的警惕，两眼盯得牢牢的，充满了疑惑与不信任。而对圈子内的人则又走向另一个极端，连基本的防范措施都没有，一切听凭亲情和友情说了算。想想看，这样的老板有多少？会计用老婆，出纳用小姨子，人事经理用亲弟弟，七大姑八大姨全放到公司重要位置，形成一个小圈子，这叫血缘企业，防外人，不防亲戚。

如果你是这样的管理者，那你在圈子里是狼，你的小圈子则只能是一只没有丝毫抵抗力的羊了，在激烈的商场竞争中，没有任何战斗力。

二、防人手段不正当

采用限制人身自由，派人跟踪盯梢，打小报告，信息保密，制度歧视等令人不齿的低级和下流的手段。在具体执行上，人为制造劳资隔阂，令被防者无法忍受，产生抵触情绪。被防者想亲近企业也没门，只好自暴自弃，身在曹营心在汉了。也就是说，管理者做人不地道，行为非法，人品低下，那你还想下属信任你，只能是做梦。

这也是现实中的让人鄙视的"狼道"，真正的羊性之道，乃是正大光明地用大家都接受的制度去防人，用君子之心去增加自己的警惕性，而不是生出龌龊之心，恶意揣测他人的心理，然后动用不正当的手段，给人留下小人和道德败坏的印象。

三、凭借主观臆测去防人

有些管理者或者处于其他阶层的职场中人，在防人时有些思维痼疾，也就是坏习惯：觉得谁不好，就想当然地给人定性，疑神疑鬼，听风就是雨。很显然，这样的防人之心绝对是不可取的，只能给老板和管理者带来两个结果：1. 老板认为公司无好人，周围全是小人，没一个忠心的；2. 一人防众人，防不胜防，筋疲力尽，效率差不说，浪费人力物力，正事没干成，荒唐事一大堆。

俗话说用人不疑，疑人不用，这是我们防人的基本原则。在具体的运用中，如果方式有问题，方法不对头，防人就可能变成一种用人的偏颇。以上这三点，我们千万注意，万不可因为防人的正当初衷，得到一个让自己做人失败的苦涩结局！

羊性管理第 4 守则

人脉为本：朋友多了好办事

最有用的朋友

我的第一个问题是:"什么才是最有用的朋友?"

1.有价值:人们最喜爱那些现在能派上用场的人。

每个人都希望碰到自己生命中当之无愧的贵人,他们即刻可以对自己的命运产生至关重要的帮助,使你可以少奋斗二十年甚至更多。问题是,这样的人我们很难遇到,而且不仅需要运气,更需要实力和足够的诚意。

2.有潜力:将来能派上用场的人。

可以做成大事但现在却没有机会的人,需要贵人去挖掘,同时又考验你是不是"嫌贫爱富"的势利眼。

3.有面子:可以为自己形象镀金。

就像商人喜欢结交文人,政治家永远钟情于慈善家。有些朋友可以让你很有面子,或者提升你的身份,或者体现你的品位,使你突显某种特殊的格调。

以上三种,都是我们需要的人脉。或许并不全面,不是每个人都希望交到上面所列的三种人,但大部分人的人脉价值观,都是如此。交朋友是一件多么重要的事,不管崇尚狼性还是羊性之道的人,都不会否认。因为一个人的成功,85%要归功于他的人脉关系。这是至理名言,没有贵人相助,缺乏贤人帮衬,天才又怎么样?还不是孤掌难鸣!伟大的成功,看似幸运之神"巧合"地降临了,其实多半是努力经营人脉的好结果。一个有良好人脉的人,他总是看上去呼风唤雨、无所不能。那些成功的企业家、职场精英和优秀的管理者,无一不重视经营自己的人脉。

真正的问题是，我们如何去交朋友，什么样的人才是最有用的朋友。

现在对于人脉，人们的理解通常存在两种极端：

★第一种极端：交际强迫症

这些人非常看重人脉，梦想获得重要的人际关系，非常想借助"人情世故"为自己未来事业的发展打通一条金光大道。为此，他们异常努力，但凡有交际活动就一定会去参加，每一个社交场合都不放过，以至于患上了"社交强迫症"，他生怕少参加了一次"活动"，就会错过改变自己命运的贵人。

他们经营人脉的方法，无非就是"请客吃饭"、"礼尚往来"，大量的成本投入到这上面，乐此不疲。然而，没完没了的"应酬"和种种"人情"的维持，耗费了大部分的时间、精神和金钱，收获却很可怜，交到的朋友不少，不过都是酒肉朋友，有利则来，无利则去。为此，他们常常感到身心疲惫，但一想到人脉的重要性，想到某些人新近遇到了什么"贵人"才获得了成功，他们就会重整旗鼓，不屈不挠地把他信仰的"人情公关"进行到底，一点不考虑应该好好思考一下为什么会如此艰难，是不是应该制定一份正确的人脉计划。

★第二种极端：交际冷漠症

他们与第一种人完全不同，在这些人看来，人脉是可遇不可求的，不是想交就能交到。他们觉得，一个人有怎样的父母亲戚、人际关系，都是"命运的安排"或者"随机碰到"的事情，不是人力可以改变的。所谓人脉，不过就是交换，我拿我的资源和你交换，你拿你的资源"套走"我的资源，仅此而已。所以他们认定，人脉的作用，根本没有传说中的那么大，也没有那么重要和紧迫。对于交际，他们一点兴趣都没有，可以说十分冷漠。在他们心中，人脉不是每个人想有就有的，亦不是可以经营出来的。

所以他们信奉"万事不求人",即便遇到困难,苦于无人相帮,他也要保持自己的尊严,绝不轻易欠下别人的人情,因为人情是早晚要还的。

这两种极端当然都是错误的,我们甚至可以这样说,在当前的社会,重视人脉的人很多,但绝大多数人经营人脉的方法都是盲目的,交到的人数不胜数,却总是交不到真正的朋友。

很少有人认真地考虑过:到底什么才是人脉?我们为什么要去经营人脉?他们只是肤浅地觉得:多结识一些人,多参加一些活动,就会交到朋友了。至于方法,他们说:除了请客喝酒和送礼,多说些恭维话,以及在必要时帮别人一个忙然后等着他还我人情,还能有什么呢?

"有什么稀奇的?"他们会这样说,然后继续这样做,直到钻进死胡同出不来。

其实,经营人脉,就像我们做任何事一样,也需要科学的方法、严谨的规划,像羊那样细致地思考,选择最节省成本的办法。只有科学的方法才能使我们事半功倍,快速积累出适合我们个人事业发展需要的"好人脉",迎来一飞冲天的机遇。

那么,人脉高手的身上到底体现着哪些羊性智慧,是不容易被一眼发现的呢?

什么样的通讯录价值千金?

通讯录对你来说最为重要,它的价值往往决定了你所拥有的朋友的档次,以及你的现状和未来。

最好的公司在提拔高层管理者或者选拔 CEO 时,并不只是考察选拔对象的个人能力,还要看他有没有过硬的人脉通讯录。这是因为,一个高层管理人员的通讯录,意味着他认识哪些人,拥有怎样的人脉,以及可支配的人际资源,这对于公司非常重要,甚至决定公司的未来。我相信你读到这里，一定会拍拍口袋，很失望地告诉自己：我怎么没有这样的通讯录？

没错，最大的差距就在这里。对于一名成功者来说，他的人脉，比他的能力更加重要，他的价值往往体现在通讯录上。能力只是他一个人的知识和经验，通讯录却意味着他所能动员的一切知识和经验。具体地说，一个人可能拥有不同的关系网，而在不同的关系网中，他的个人价值也有所不同。所以，他在每个关系网上的总值与总和，就构成了他的总体价值。

也就是说，建立关系网的能力是最重要的，它远远大于你本身的知识和经验，超出一切个人对于工作的贡献。所以，真正的人脉高手，他首先要做的是管理自己的人脉，给自己的人际资源进行分类管理，找出重点，建立一个完善的关系网，而非到处去献花敬佛，请客吃饭。

寻找贵人真的那么难？

许多成功者身上散发着一层迷人的色彩，拥有传奇性的经历，其中一条就是所谓的"贵人提携"。是这样的，那些成功人士的成功道路上，常常会看到一些特别幸运的"巧合"，他们的成功并不仅靠自己的能力，而是有突如其来的帮助。

就连他们自己，在解释成功的原因时，也常常谦逊地把自己的成功归功于某些"偶然"因素，比如：我"幸运"地获得了被提拔的机会，我"巧合"地遇到赏识自己的贵人，我"意外"地碰上了对自己产生关键影响的客户……

如果我们仔细观察，你就能发现一个无比关键的核心问题：重要的不是他认识多少人，而是他碰到了对的人。在他的人际圈子里，总有对他最有帮助的人，但你不知道他是如何结识到的。你要学习的不是他朋友的数量，而是他所拥有的朋友的质量，以及他结交贵人的资本和手法。

寻找贵人真的那么困难吗？显然不是的，成功不是偶然的，机遇不是天上掉下来的馅饼，贵人也并非是上帝的恩赐，而是我们主动经营人脉、主动获取机遇的结果。

就像好莱坞流行的一句话："一个人能否成功，不在于你知道什么，而在于你认识谁。"

可是要做到这一点，在贵人降临时抓住他的手，而不是让他一脚踢开，你要做的事情还有很多。其中最重要的就是，为了提升自己的能力而不惜余力，只有你自身准备好了，所谓的"贵人"才会给你机会，你也才有实力抓住这个机会。

有规划地开拓人脉

被称为"美国杂志界奇才"的埃德沃·波克，小时候却是一个名副其实的生活在贫民窟中的没有希望的小孩。他6岁时就跟着家人移民到了美国，一生中仅上过6年学。13岁时，他就辍学开始了自己打工混饭吃的人生。

如果是一个普通的人，面对这样的人生，或许早就放弃了，就此自怨自怜地浑浑噩噩度日，终此一生。但是波克并没有就此放弃学习，一直在工作之余努力坚持自修。而且很年轻的时候，他就已经懂得了经营人际关系的重要性——他知道应该如何做，才能改变命运。

首先，他省下了工钱、午餐钱，买了一套《全美名流人物传记大成》。然后他做出了一个让任何人都意想不到的举动：直接写信给书中的人物，询问那些没有记载在书中的童年往事。比如写信给当时的总统候选人哥菲德将军，问将军是否真的在拖船上工作过，又写信给格兰特将军，问他有关南北战争的事情。

那时他年仅14岁，周薪只有6元2角5分，他就是用这种方法结识了美国当时最有名望的诗人、哲学家、作家、大商贾、军政要员等人。而且那些名人也被他的独特方法吸引，都乐意接见这位可爱的充满好奇心的波兰小难民。

这只是开始，波克决定利用这些非同寻常的关系，改变自己的命运。他开始努力学习写作技巧，然后向上流社会毛遂自荐，替他们写传记。不久之后，他便收到了像雪片一样的订单，以至于他需要雇用六名助手帮他写简历，而这时他还不到20岁。接着，他被《家庭妇女杂志》邀请作为编辑，一做就是30年。他利于自己善于与人沟通的特长，将这份杂志办成了全美国最畅销的杂志之一。

由此可见，无论做什么事情，只有真诚和努力显然是不够的，很少有人会有准备和有规划地开拓自己的人脉。规划，这是一个更关键的词。缺乏规划的人，他们容易陷入第二种极端，总以为只要自己是千里马，伯乐就将找上门来，不用出去寻找。实际上，能力的跃升与人脉资源的培育扩充，本来就是相辅相成、缺一不可的。甚至可以说，两者就是一件事。在提升能力的同时，有计划地积累人际资源，才是最终走向成功的必备基础。

善待每一个人

"善待"是一个只有在羊性管理中才具备的概念。狼永远不会善待同类，它们有的只是利益，有利则合，无利则散，利来则聚，利去则相残。羊却不同，互相取暖可以让羊群成功度过寒冬，每一只羊都有义务帮助同伴，并且给予彼此最大的尊重。

以前，曾经有人向2000多位美国雇主做过这样一个问卷调查："请查阅贵公司最近解雇的三名员工的资料，然后回答：解雇的理由是什么。"

结果是，无论什么地区、什么行业的雇主，超过三分之二的答复都是一样的："他们是因为不会与别人相处而被解雇的。"

与此相同的是，我们看看自己的身边那些从同事中脱颖而出、晋升到管理层的职业精英，尤其那些可以"独当一面"的人才。我们同样会发现一个大致相同的事实：

他们不一定是专业能力最强的，但肯定是最善于经营人脉的人。

★人脉经营的实质：不是"拉关系"，或者设法"认识更多的人"，而是在与事业相关的范围内，把自己更为广泛地"传播"出去；

★人脉经营的目标：为自己创造最好的"机遇"，让自己的能力、价值被"关键"人物所了解；

★人脉经营的关键：它与做事绝不能分开。因为一个没有某方面业绩的人，是不可能凭空结交众多"能帮上忙的朋友"的。经营人脉从根本上讲，与做好我们自己的工作、事业，其实是一回事。

★经营人脉的基础：它离不开一个良好的工作平台。只有通过切实有效的工作，展示业绩和能力，体现自己的"被需要"，我们才能丰富自己在交际圈中为他人所用的"价值"，让你成为"别人都愿意认识"的人。

★经营人脉的本质：它是我们主动获取机遇的行动，绝不是投机，而且是一种坚持不懈地寻找最大限度发挥自己能力的机会。

对于那些职业履历尚浅，又热切盼望机遇的职场菜鸟来说，明白了经营人脉的实质，就可以少走很多弯路。

经营人脉的本领，当然有很大的一部分来自于我们的天赋，它是一种无形的能力、一种不经意间的处事方法。所以，很多"关系资本"的掌握者，他们往往是凭着自己的优异天赋，不经意地，自然而然地，就给自己打造了庞大的人脉。但是同时，它又是一种在细节上的处理技巧，比如，你对待身边的人是什么样的态度？你是否嫌贫爱富，是否轻视那些暂时不如你的人？

我的主张是：你必须学会善待每一个人，哪怕他什么都不是，也要给足他面子，给予他足够的尊重和体谅，哪怕下一秒你就要开除他，让他背着铺盖卷从这地方滚蛋，而且这辈子你也不想再见到他。

有一个故事，说的是一位智者，和一个朋友结伴外出旅行。在经过一个山谷时，智者一不留神滑跌了，他的朋友拼尽全力拉住他，不让他葬身谷底。智者得救后，执意要在石头上镌刻下这件事情。他的朋友问：真的有必要这样做吗？智者说：当然了。于是，他在石头上刻下了：某年某月某日，在经过某山谷时，朋友某某救我一命。

刻完后，两个人开始继续自己的旅程。这天来到了海边，他们因为一件事情争吵起来。朋友一怒之下，抬手就给了智者一个耳光。智者捂着发烧的脸说：我一定要记下这件事情！他的朋友说：随你记，我才不怕。智者于是找来一根棍子，在退潮后的沙滩上写下了：某年某月某日，在某某海滩上，朋友某某打了我一耳光。朋友看过之后不解地问他：你为什么不刻在石头上呢？智者笑了笑，说：我告诉石头的，都是我唯恐忘了的事情，我要让石头替我记住；而我告诉沙滩的事情都是我唯恐忘不了的事情，我要让沙滩替我忘了。智者用博大的胸怀挽救了友谊。

这是一种聪明而且真诚的待人心态，能善待他人的心灵是广阔的，一个人要以真诚宽厚博大的心灵对待他人，才会在最后迎来他人十倍的回报。

林肯总统对政敌素以宽容著称，后来终于引起一名议员的不满。议员说："你不应该试图和那些人交朋友，而应该消灭他们。"林肯微笑着回答："让他们变成我的朋友，难道不正是在消灭我的敌人吗？"一语中的。多一些宽容，公开的对手或许就是我们潜在的朋友。

美国人登月成功，产生了不少的经典故事，其中有一个说的是阿姆斯特朗在迈上月球时，因为一句"我个人迈出了一小步，人类却迈出了一大步"而家喻户晓，但一同登月的还有一位叫奥尔德林的，虽然他对我们来说很陌生，但同样让我们敬佩。

登月成功后，在一次进行庆祝的记者招待会上，有一位记者突然向奥尔德林提出了一个很尖锐的问题："作为同行者，阿姆斯特朗成为登陆月球的第一个人，你是否感觉到有点遗憾呢？"当时现场轻松的气氛一下子凝固了，在众人有点尴尬的注目下，奥尔德林却很风趣地回答道："各位，千万别忘记了，回到地球时，我可是最先迈出太空舱的！"他环顾四周笑着说，"所以我是从别的星球来到地球的第一个人。"

大家听后，送上雷鸣般的掌声，因为奥尔德林没有丝毫的抱怨，有的只是幽默与平和。

这说明什么？无论你功劳多大，地位多高，成就多么让人遥不可及，都需要拥有一个宽容的心态。你只有善待他人，才能把自己融入人群，获得友谊、信任、谅解和支持；只有善待他人，才能在人生的道路上，拥有充满快乐的感觉，得到更多的机遇与认同。

日本企业有个教育新员工的惯例，就是让员工排队依次进入一个神秘的房间，然后在房间里做"弹力球"试验：有一根弹簧被固定在桌子上，弹簧的顶端连接着一个乒乓球大小的橡胶球，日本人称之为"弹力球"。员工被固定在座位上，不能自由移动。主持人发令，让他们拨动弹力球，弹力球被拨动后，正好反弹到他们自己的脸上，使他们痛得叫起来。然而此时主持人并不放过，仍然令其加力再拨动一次，他们自然会拒绝。这时主持人对他们说："你不愿碰它就对了，人与人之间的关系就像一个无形的弹力球，你若伤害他人，'弹力球'就会凭借反弹力打在你的身上。冤冤相报只会使自己遭受更大的损害，善待他人，才能确保自己的平安。"

事实确实是这样：职场中一个人多做善事，不计前嫌，不报私怨，似乎是吃了亏，实际上这种雍容大度的君子之风，不仅有助于人际关系的融洽与和谐，而且还会得到别人的帮助与回报。然而遗憾的是，这句话说起来容易做起来难，说这话的人很多，但做到的人很少。只有那些真正领悟到人脉本质的职场羊，才能在善待他人与保护自己之间，做到进退有度地取舍。

历史上有一个很出名的例子——将相和。

战国时期，秦国最强，常常欺侮赵国。有一次，赵王派一个大臣的手下人蔺相如到秦国去交涉。蔺相如见了秦王，凭着机智和勇敢，给赵国争得了不少面子。秦王见赵国有这样的人才，就不敢再小看赵国了。赵王看蔺相如这么能干，就封他为"大夫"。

后来，蔺相如在渑池会上又立了功。赵王封蔺相如为上卿，职位比英勇骁战的大将军廉颇还要高。

因此廉颇很不服气，他对别人说："我廉颇战无不胜，攻无不克，立下许多大功。他蔺相如有什么能耐，就靠一张嘴，反而爬到我头上去了。我碰见他，得给他个下不了台！"这话传到了蔺相如耳朵里，蔺相如就请病假不上朝，免得跟廉颇见面。

有一天，蔺相如坐车出去，远远看见廉颇骑着高头大马过来了，他赶紧叫车夫把车往回赶。蔺相如手下的人可看不顺眼了。他们说，蔺相如怕廉颇像老鼠见了猫似的，为什么要怕他呢！蔺相如对他们说："诸位请想一想，廉将军和秦王比，谁厉害？"他们说："当然秦王厉害！"蔺相如说："秦王我都不怕，会怕廉将军吗？大家知道，秦王不敢进攻我们赵国，就因为武有廉颇，文有蔺相如。如果我们俩闹不和，就会削弱赵国的力量，秦国必然乘机来打我们。我所以避着廉将军，为的是我们赵国啊！"

蔺相如的话传到了廉颇的耳朵里。廉颇静下心来想了想，觉得自己为了争一口气，就不顾国家的利益，真不应该。于是，他脱下战袍，背上荆条，到蔺相如门上请罪。蔺相如见廉颇来负荆请罪，连忙热情地出来迎接。从此以后，他们俩成了刎颈之交，同心协力保卫赵国。

蔺相如对廉颇一再忍让，不计前嫌，最终赢得廉颇的幡然醒悟，亲自登门负荆请罪，使得两人冰释前嫌。而更重要的是赵国从此将相和谐融洽，防守完备，捍卫了国家的尊严。

现在，我们说一说应该怎样增进关系。如何跟一个值得交往的人增进关系，使其迅速站入你的阵营，成为你可以利用的派得上用场的人？

怎样增进关系？

如何跟一个值得交往的人增进关系，使其迅速站入你的阵营，成为你可以利用的派得上用场的人？

一、成为利益上的伙伴

我们与客户、同事或者上下级之间，都是这种关系，并且因为利益的互相需要，才形成了人际的交往事实。良好的利益互需，是关系得以加深的第一步，但请注意，我们不可能将任何一种关系都建设为利益互需型。如果你总是追求将利益放在结交朋友的第一位，那你将会变得功利而冷漠，对于你的人脉交往反而是极度有害的。

二、良好的沟通获取长期信任

我们的人际关系出了毛病，有时并非是双方做得不够好，而是由于双方的沟通存在问题。或许双方都没有责任，都心存善意，但沟通不畅却会让彼此产生误解。不过，有时沟通的努力并不是促进两个人相互理解的万灵药——如果你不知道如何去沟通。

如果你觉得沟通就是让对方了解自己的想法和感受，然后拼命地向对方游说自己的立场，而把对方的观点和感受放在一旁，那么你们之间就会形成自说自话的表白，并不能增加彼此的理解，反而产生更大的裂隙，因为对方也是这么想的，双方是针尖对麦芒。

所以，最好的沟通方式不是继续游说对方，而是去探索对方"不投降"的理由。你首先要接受现实，尊重对方的观点，才能打开通畅的沟通渠道。因为好的关系并非总是"追求真理"，而是需要胸襟和原谅。我们在人际沟通中，总是要放下"谁对谁错"的假定。达到相互理解的重要前提不是沟通技巧，而是双方是否愿意理解对方，是否愿意原谅对方，而不是一心想吃掉对方。也就是说，沟通的心态更加重要。

三、抓住一切机会使他了解你，找出并建设利益共同点

你要展现自己最出色的一面，让对方尽可能了解你更多，然后才能找出双方都认可的利益共同点。这是关系加深到重要一步的关键所在。

一个新人，初到一家银行工作，人生地不熟，他应该如何跟一位重

要的贵人（比如银行经理或自己的直接主管）拉近关系？换作是你，你会怎样接近这位主管，让他看到自己的能力？我想，在删除了诸如请客送礼这样的"非常规"战术外，让他看到你超出于他人的工作能力，恐怕是最优先的第一选择；其次，你还应该尽可能展示自己与众不同的性格，比如：与同事很好相处，优秀的团队合作能力，吃苦耐劳的工作精神，细心、耐心以及良好的事业心，从而让顶头上司看到他对你的"需要"，给予你更好的工作平台，这就是利益共同点。

如果你需要更好的例子，我还可以让你看看增进关系的万年不变但却永远有效的"笨方法"，比如《杜拉拉升职记》中，杜拉拉跟美国人上司李斯特如何增进关系的。她充分向我们展示了战无不胜的杜氏法宝：苦干、真诚、必要时的妥协（给上司空间，使其反过来感激你）。这都是羊性智慧的一部分，它们绝对比步步紧逼的狼性战术更能让你得到同事和老板的认可，增强你的人脉。

沟通的有效方法

1. 注意单向与双向的沟通区别

单向的沟通是指或自上而下，或自下而上，或同级一方向另一方的主动沟通，经常用于上下级或同事之间简单的信息传递，在传递信息的沟通过程中，一方主动，另一方处于被动；而双向沟通则是双方面的沟通、双向的互动，这是二者的主要区别。若要使沟通变得有效，我们应该尽可能采取双向的交流。

2. 懂得积极倾听的技巧

在我们使用积极倾听这一方法时，要根据自己认为容易误解的地方，以及认为最重要的信息，集中精力去揣摩对方想要向我们表达的感情和内容。我们要得出尽可能正确的结论，就需要在倾听时不断地默问自己：

"他到底是什么样的感受?""他想要传达什么样的信息呢?"

当我们试探性地向对方做出回应时,通常需要以"你"这个字开头,而且在结尾加上"是吗"的询问,以求对方给出直接的回答,避免陷入无效的浪费口舌。如此,若我们的判断是正确的,会得到证实;若我们的结论是错误的,对方的回应也能清楚地给予解释,化解可能产生的误解。做到这一步的基础,需要我们在倾听时不要三心二意。

3. 有效的发问技巧非常关键

苏格拉底说:"对于任何问题,我们的内心最深处都会有答案,只是要透过适当的问题才能发现更有效的答案。"发问的技巧主要有两点:目标明确和行为弹性。我们的问题要引发对方的思考,确认目标。正确的发问是解决问题最好的方式,而且正确的问题本身其实就是解决方案。我们应该多问开放式问题,少问那些封闭式的和多向选择的问题。并且,我们需要少在问题中给对方意见。

4. 有效表达的几个原则

一个好的沟通者,同时也是一个有效的表达者,因为听和说同样重要。他应具备以下几点。①对事不对人:表达的重点应该是行为,而不是个性,多针对事情,而不是他个人的品质,否则交谈将变成争吵。②坦承自己的真实感受:很多管理者总觉得不应该把自己的感受说出来,可事实上,当你把内心真实的想法说出来后,往往会得到对方的谅解,甚至最给力的帮助。领导者承认自己的不足,有助于建立良好的双向关系,同时也会让下属感觉到你很诚实,这是宝贵的羊性品质。当然我们也不能过于频繁地说自己不足的话,这样反而会引起反面效果,自省也要适度。③多提建议少提主张:在表达中,应该努力让对方去决定,也就是多提建议;主张却有一点强迫对方接受的味道,会让对方很不舒服。④让对方理解自己的意思:多采用对方能够理解的语言去说话,不要兜圈子，也不要刻意采取模糊的词语。因为在很多时候，谈话的双方可能有不同的背景、知识层次、经验，所以千万不要说一些对方听不懂的语言，在自己的话语中，对于想要表达的东西，一定要清楚地解释出来，让对方一次性听明白，以便节省时间和提高效率。

5. 掌握回馈的技巧

回馈有很多方式：第一种反馈是正面认知，也就是表扬对方，尤其当我们发现对方做得对和说得好的时候。在团队的运作过程中，对于下属，我们经常需要进行正面反馈。比如发现下属的工作能够超进度、超标准地完成得很好时，你就要给予他适时的表扬。第二种反馈是修正性的反馈，但它并不等同于否定式的批评。通常当他的工作没有完全达到我们的要求和标准，但大体完成得不错的时候，你可以采取修正性反馈方式。比如你看了一下财务经理这个月的报表，觉得他的准确性很好，但没有提供一些关于经营的建设性意见。这时你有两种选择，一是以批评的方式说："小李，财务报告怎么没有对经营的建设性意见呢？下个月要赶紧加上！"一种是以修正式的方式："小李啊，你的报告很准确，而且准时地交过来了，很好，不过，如果你能再加上一些经营的建设性意见，报告会更完整的！"从管理学的角度看，修正性反馈也叫汉堡包原则，属于一种三明治策略和方法。第三种反馈就是批评了，也叫负面反馈，是完全否定式的信息回馈。正如上面我们列举的，是对于下属的全盘否定、指责，或者消极的盖棺论定。这是我们需要避免的。聪明的管理者，要努力把负面的反馈变成一种修正性的反馈。

6. 非语言的沟通也很重要

首先你要明白，语言与非语言的沟通是相互关联、而不是各自独立的，并不是只有开口说话才能沟通，我们可以借助身体的任何一个部件，包括不可视的工具。所以，非语言沟通主要有以下四种沟通功能：态度信息，心理信息，情绪信息，相关信息（反映个人偏好、权力地位及情绪变化等信息）。它的沟通形式包括沉默、各种身体语言、时间和空间的应用等内容。其中，沉默传递的信息是最为复杂的。在会议上，一个领导拉下脸什么都不说，对于下属来说意味着什么？他们可能会有多种解读与联想。身体语言主要有面部表情、肢体语言、体触语、服饰等形式，这些都很重要，需要管理者灵活掌握，但无论哪种形式，都要比虚弱失控的大吼大叫强得多。

增进关系的十件武器

1. 建立良好的第一印象

第一印象经常是永久的印象，你相信吗？这是巴菲特的人际格言，他认为，任何人都没有第二次机会重塑留给对方的第一印象，所以粗心大意，总把好形象留在后边的人，通常会失去再次展示自己的机会。因此，管理好留给对方的第一印象，就等于开启了成功人际关系的大门，因为人人都愿意接近让自己迅速有好感的人。

2. 尊重对方

不会有人乐意与一个不尊重自己的人增进关系，这是毫无疑问的。尊重是人际交往的基础，如果你想和对方长期交往，密切合作，保持亲近而且重要的关系，你就要尊重对方。否则，你只会很快失去他人对你的兴趣，这要比流星从天空划过的速度还要快许多。

3. 增强自信

对我们来说，自信就是一种由内而外的气场。自信的人同时也是乐观积极的人，在他人眼中，这不仅代表着你的魅力，更说明了你的生活态度。所以，增强对自己的信心，会让你在别人心目中的分值迅速上升。毕竟，从获利的角度讲，人们也更愿意与一个自信满满的人达成合作，而不是无论做任何事都唉声叹气的人。

4. 用亲身的经验作更有自信的沟通

经验是什么？首先是一种生活的阅历，其次是我们所能提供的人际价值。就像你想认识比尔·盖茨，一定不是因为他的名字叫比尔，而是他是那个十年时间就让微软控制了全世界的比尔——你看中的是他的经历，而非他的名字。所以，一个人的经验，往往是他得以与他人增进关系的雄厚资本，而他也需要自信地将这些表达出来！

5. 作更为清晰简洁的表达

说话最忌啰嗦，清晰简洁才能创造愉悦的交流氛围，让人愿意与你谈话，从而增进关系。我们经常见到一些人，明明两句话能说清的问题，唠叨七八句也讲不到点子上，不但啰嗦，而且文不对题。讲到最后，不要说打动对方，他自己也被绕迷糊了。精练的表达能力是积累人脉的必备基础，说得太多不好，但说得太少，也会存在表达不清晰的毛病，这需要我们针对表达的对象和所讲问题，良好控制表达方式以及用词。

6. 注意自己的优点及他人的优点

既要认清自己的优势，也要看到对方的优点。强强结合才是我们增进人际关系的法宝。所以，赢得人脉其实就等于打造一种扬长避短、互相协作的利益结合体。就像我们很难相信中移动和联通会成为好朋友，因为它们彼此的优点都是对方眼中的"仇敌"，看不清彼此的需要。

7. 让沟通更生动更有力

一个深具语言魅力的人，人们会更愿意与他沟通。比如，风趣、幽默、轻松，或者艺术化但通俗易懂的语言、温文儒雅的风度。时常妙语迭出的交流，不但让沟通生动有力，而且极具感染力，让你成为一个受人欢迎的交际明星。

8. 展现更多的勇气、自信与信念

在人际交往中，要多展示自己的主动性，以及对交到真正朋友的强烈渴望。在困难面前退缩绝不是好的选择，你要让对方看到你的信念，同时对你抱有最大的信心。这不但对于人脉的积累很重要，对我们做任何事，都是非常宝贵的品质！

9. 体验赞赏的力量

绝不吝啬赞美他人，让对方体验到你对他的赞美和欣赏。没有人会拒绝别人的赞赏，除非你的鲜花和掌声太过虚伪与空洞。赞赏的力量是你赢得支持的重要工具，也是你对别人的吸引力所在。

10. 感动他人

我们常说"以情动人"，学会运用真诚的态度去打动他人，对于人际交往来说非常重要。人们不一定都喜欢"只为利交"的人脉，但一定都需要一位真诚的朋友。这表明，多做一些可以让对方感动的事情，常常让你可以交到钻石一般的至友或者对你的人生起到巨大作用的"贵人"。

交朋友要有长远目光

不要做只能同富贵不能共患难的势利眼好吗？

交朋友，我们要看重长远的潜力价值，千万别做那种目光短浅、只求眼前利益的超级势利眼。具体表现在，对于那些暂时有困难的朋友，我们不能抛弃，不能远离，而且能帮就要帮。

★很多人的成功经历中，那些站出来帮他一把的贵人，往往都是高中甚至小学的同学，或者是十几年前结识的朋友，而不是现在刚认识的招之即来的神通广大的大人物。

★朋友属于价值投资股，要长线持有，凡在朋友方面搞短线投机的人，一般都没有好下场，最后的结果往往是一个朋友都没有。

★交友要有长远眼光，要注意有目标的长期感情投资。同时，放长线钓大鱼。有事之时找朋友，人皆有之，无事之时找朋友，你可会有过？所以后者尤其需要我们注意。

★别等到你用得着了，才现去结交朋友或者求人。"临阵磨枪，不快也光"的思维在这里并不适用。我们平时就应积累朋友资源，免得临时抱佛脚。

经营人脉资源的五大原则

1. 无所不赢的利人利己原则

利人利己是一种双赢的人际关系模式，有谁不知道这个道理呢？可现实是，很少有人乐意这么做，或者心甘情愿地践行这个最正确的交际原则。大家都想做狼，只吃肉不吐骨头；却不想一想做羊的好处，既吃了肥美的青草，又给青草以再生长的机会。

世界之大，人人都有立足的空间和资格，他人的获益，并非是自己的损失。所以，利人利己的人，他们不怕与人共名声、共财势，从而开启无限的可能性，充分发挥团体联合的创造力与宽广的选择空间。但是，有些人——或许是大多数人，他们就喜欢使用二分法，以为利人则必损己，利己则必损人。于是为了一己之利，便置他人的利益于不顾了，最后也常落得一个损人害己和两败俱伤的下场。

战后的日本为什么在世界上特别是在亚洲越来越孤立，而同是战败国的德国却不仅融入了欧洲还融入了世界？日本的孤立当然不是日本的光荣，而是大和民族的耻辱。其实，在上世纪80年代末的泡沫经济崩溃之后，就已经暴露了日本为了赚钱而不择手段的本性，也暴露了日本社会背后的人际关系，以及过去自私和利己的积弊。美国汽车大王亨利·福特曾经说过：如果成功有秘诀的话，那就是站在对方立场来考虑问题，能够站在对方的立场，了解对方心情的人，不必担心自己的前途。己欲立而立人，己欲达而达人，只有这样，才能赢得人们的信任与好感，建立融洽的人际关系。

这也就是中国人常说的互惠原则，追求利人利己，但绝不是世俗意义上的互相利用。利人的目的不是要索取什么，而是从给予中达到欣慰，并在给予中为自己种下一段"具有无限可能的未来"。就像一只利己的狼，它可以轻易击败一只单薄的羊；但一群利己的狼却永远无法击败一群利人又利己的羊。互利式生存的羊群每年都庞大而且幸福，只为利己结合的狼群却只能在不断的挨饿和游弋中孤独地嚎叫。

2. 诚实守信的原则

不可否认的一点是，每个人都喜欢与诚实、爽直和表里如一的人打交道。墨子说："言必信，行必果。"我们也可以理解为，没有信，你就得不到一个想要的"果"。信用是处理人际关系的必守信条，敌对双方谈判要守信用，做生意双方成交也要守信用，上、下级讲话要讲信用，甚至连父亲对刚懂事的儿子讲话也要讲信用。没有信用，你在当今的世界寸步难行；你在未来的世界没有立足之地。

中国历史上有一个著名的故事：曾子的儿子吵闹不休，十分不听话。这天他又哭起来，又打滚又胡闹，实在烦透了，曾妻就骗他说："等你父亲回来，杀猪给你吃。"曾子回家听到妻子告诉他这件事后，立刻持刀把猪杀了。显然，曾子就是在培养儿子的信用意识。

信用首先有一种心理作用，给对方以安全感。因为人际关系是以互相吸引为前提的，产生这种吸引的很重要的一点，就是双方必须在交往中达到心理上的安全感。否则，后面的一切都是奢谈，没有继续下去的基础。

所以，约定好的聚会，你要按时出席；承诺的任务，你要力争完成；朋友托办的事，你答应了就要办到；借了别人的款项、物品，你要如期归还。这些不是无关紧要的小节，而是影响到个人信誉和人际关系的大问题，切不可掉以轻心。不然信用一旦失去，再想挽回就得付出百倍的代价！

3.互相依赖和团队合作的原则

全体永远大于部分的总和，这不仅是自然现象，更是哲学真理。比如，不同的植物生长在一起，根部会相互缠绕，于是土质就因此改善，植物比它单独生长时更为茂盛。两块砖头所能承受的力量，一定大于单个承受力的总和。这一原理也同样适用于我们人类，在人际交往中，你只有敞开胸怀，以接纳的心态尊重差异，才能众志成城，形成完美的团队合作。

中国人在这方面是智慧最深的，我们的伦理使所有的中国人都结成了一个硕大的互依互赖网。孔子就崇尚连带责任主义，每个人对他人都有责任，使得我们彼此之间息息相关，互相依存，这简直就是中国文明延续至今唯一不衰的根本原因。

连带责任主义，是积极意义的互助，而非消极意义的倚赖。比如A、B两人，A的义务即系B的权利；同时B的义务，亦即A的权利，这便是最基本的互助。推及团队的分工合作，就成了更加复杂的互助。

更具典型参考价值的案例是中国象棋，它最能体现我们中国人互赖与团队合作的精神。在棋盘上，虽然它们各自可以独立作战，不必也不能依赖他人，但是它们之间，却是互助合作的。车固然可以保护马，马也可以看住车，不让它凭空遭受对方的攻击。士、象当然是将的心腹，随时要保护着，然而在紧急时期，当士或象在将的行宫里受到袭击时，将也可以给予适当的维系，甚至奋勇地挫败来犯的敌人。卒的威力较小，而在适当的场合，照样可以攻死对方的帅，或者保护自己的车、马、炮，依然有其发挥互助能力的机会。

在公司，我也经常告诉员工：合则彼此有利，分则大家倒霉。只有共同努力，一起来担负公司的发展，才能群策群力，让每个人都最大限度地获益。

4.分享与共赢的原则

你要知道，分享是一种最好的建立人脉网的方式，你分享得越多，得到的就越多。而且有一点很清楚，世界上有两种东西是越分享越多的：一是智慧和知识，二是人脉和关系。

萧伯纳说过一段很经典的话："我有一个苹果，你有一个苹果，交换一下每人还是一个苹果；我有一个思想，你有一个思想，交换一下每人至少有两个以上的思想。"与此同理，你有一个关系，我有一个关系，如果各自独享则每人仍是一个关系，如果拿来分享，交流之后则每个人都拥有了两个关系，我们都变得强大了，没有人被削弱，这就是共赢。

李嘉诚向我们讲述他的生意经时，是这么说的：假如一笔生意你卖10元是天经地义的，那我只卖9元，让他人多赚1元。表面上看我是少赚了1元或者亏了1元，但是，从此之后，这个人还和我做生意，而且交易越来越大，而且又介绍他的朋友与我做生意，朋友又介绍朋友来与我做生意。所以，我生意越来越多，越来越大，我的朋友圈子也越来越大。

明白了吗？你分享的东西是对别人有用有帮助的，别人会感谢你，反过来帮助你，让你得到更多。你愿意向别人分享，有一种愿意付出的心态，别人会觉得你是一个正直的人，愿意与你做朋友，和你打交道，你的实际资源就会增加，这就是成长。

5.坚持到底的原则

在交朋友方面，坚持而且绝不放弃的人，才能有更多的正面思考的时间，摒弃内心随机而生的功利心态，从而赢得更多成功的机遇。

在经营和开发人脉资源的过程中，很多人缺乏坚持的韧性，主要表现在两方面：①三天打鱼，两天晒网，一曝十寒，根本不定性，经常改变策略，喜新厌旧；②遭到拒绝之后，他们没有勇气坚持下来，灰溜溜地走开，结果错失贵人相助的良机。

以前，我有一位在某企业做销售部经理的朋友，他平时很喜欢在网上写博客，交流一些生意经，还有他对生活和工作的看法，也经常读别人的文章。有一次，他在浏览博客网页时，发现了一篇很精彩的博客日记，读完之后，他把自己的读后感以及对文章的肯定和赞美都给作者留了言，作者也很快进行了回复。这样一来二去，他们建立了坦诚交流的文缘，在网上聊得很是投机，成为关系很好的网友，不管平时工作多忙，都会尽量抽时间以文章的形式互相探讨。

几个月后的一天，他突然接到了这位网友的电话，说是在他所在的城市出差，问能否见上一面。朋友赶紧约了时间，过去相见，交谈了两个多小时之后，对方递上了自己的名片，并询问他是否愿意到他的企业去工作。原来，这位网上认识的聊友，竟然是该行业中一家龙头企业的老总。

坚持的意义就在这里。

为自己的人脉设定分类

除了具备长远的眼光和计划性，我们还必须给自己设立一个人脉分类表，将生活与工作中的人脉资源进行分门别类，做到心中有数，循序渐进地进行建设，而不是像狼那样进行人际投机。

★首先，你要弄清楚以下几个问题

1. 我的职业方向是什么？
2. 我准备在什么行业、什么类型的企业工作？
3. 我有自己创业的打算吗？我准备在哪个领域或者行业进行创业？
4. 我的职业生涯大体分为几个阶段？

★其次，你还要对自己的现状进行一次全面体检

我目前的职业进展得顺利吗？如果顺利，是谁给了我最有力的支持和帮助？今后我还需要得到他们什么样的支持？如果不顺利，原因是什么？假如不是我的能力问题，那么，是谁没有给我最有力的支持？他们为什么没有帮助我？为了实现我的职业目标，我需要哪些人脉资源的鼎力相助？我现在得到了吗？为了实现长远的职业目标，我还要开发哪些潜在的人脉资源？

弄清楚以上的问题，就是在探讨"我需要哪些方面的人脉"的过程。然后才能开始制定和执行一份正确的人脉计划，为此设立目标和分类。最后，我们还要知道，一只成功的职场羊，他的人脉资源既要有广度和深度，又需要关联度，充分利用各种积极因素，去拓展自己的人脉资源，一切都须从长远考虑，千万不可有人脉近视症，必须看到人际关系动态性和长远性的本质，即：不以当前的状况给一个人盖棺论定。

也就是说，我们需要关注人脉的成长性和延伸空间。当你明白这一点时，就为自己的人脉管理打造了一个很好的开始。

羊性管理第 5 守则

冷静制胜：看清前进方向，强过豪情万丈

走错方向的头狼会很惨

即使是一头战无不胜的狼又能怎么样呢？即便他狼性十足，怀有雄心壮志，也要看清方向。因为跟方法相比，方向往往最重要。走错方向的头狼也会死得很惨，没有任何一个人可以四面八方无所不通，都必须小心谨慎地制定前进计划，明确努力目标，看清了方向，才能为成功打下一个好的开端。

史玉柱一手创立的巨人集团，早年就曾因为方向的错误经历了一场几乎让他就此崩盘的失败。在创业之初，史玉柱就已经体现出了他在发展方向上的大胆，可以说，他是一只典型的草原狼。当时，经过九个月的艰苦努力，他研制出了M-6401桌面排版印刷系统，在1989年8月，他和三个伙伴以自己的产品和仅有的4000元钱承包了天津大学深圳科工贸公司电脑部，开始了巨人集团的创业。

他的第一次设赌，是在M-6401汉卡销售宣传中：以软件版权做抵押，在《计算机世界》上先登广告后付款，他做了8400元的广告，在15天的付款期限内，收到了15820元的定金，及时交付了广告费。

当时没人敢这么做，但他敢，并且成功了。于是，他继续采用高广告投入策略，让人们不断了解巨人汉卡的卓越性能，扩大了市场范围，不到4个月时间，就实现利润近400万元。由于坚信高科技会带来高技术和高效益，史玉柱通过不断的研发使产品更新换代，M-6402、M-6403相继推出，M-6403汉卡销售量居全国同类产品销量之首。

当时间走到1992年底时，巨人集团的销售额已经接近2亿元，纯利润达到了3500万元，年发展速度高达500%，成为中国电脑业和高科技行业的一颗耀眼的新星。这一年，他把总部从深圳迁到了珠海，"史玉柱效应"和"巨人形象"在全国引起了巨大的轰动。

次年，他推出了M-6405、中文笔记本电脑和中文手写电脑等多种产品。巨人成为位居四通之后的中国第二大民营高科技企业。这年底，史玉柱已在全国范围内成立了38家全资子公司，实现销售额3.6亿元，利税4600万元。至此，巨人集团发展顺利，在电脑及软件业发展态势和前景简直是无限光明。史玉柱也被视为高科技行业成功的创业家典型，并且在1994年当选为中国十大改革风云人物。

但此时，史玉柱却犯了方向上的巨大错误，他以自己的激情和狂想作出了一个重大决定：跨越当家产品桌面排版印刷软件系统，把生物工程这个利润很高的行业作为巨人集团新的支柱产业，向多元化方向发展。巨人集团的多元化同时涉足保健品、房地产、药品、化妆品、服装等多个新的产业，甚至开发中央空调。随后，"脑黄金"投入市场，一炮打响，效益显著。然后史玉柱一举向市场推出12种新的保健品产品，一年内在生物工程上投入的广告费猛增到1个亿，并在全国设立了8个营销中心，下辖180个营销公司。

问题开始出现了：

第一，管理不善。销售网络迅速铺开后，巨人集团下属的专做保健品的康元公司的管理却成了问题。在市场没摸清的情况下，公司一下子生产了价值上亿元的新产品，成本又控制得不好，结果产品大量积压；同时，财务管理混乱，扣除债权，还剩余5000万元左右的债务。这么大的巨额亏损，明显暴露出巨人集团管理人才缺乏、管理不善等问题。

第二，资金缺口。在房地产方面，史玉柱从流动资金和卖楼花收入中共筹集了2亿元的资金，拟建18层"巨人大厦"，其中他未向银行贷一分钱。而且由于主观和外界的各种因素，他对巨人大厦不做任何可行性分析论证，贸然将大厦由最初设计的18层追加到54层，最后竟然追加到了70层，为当时中国第一高楼。以2亿元的资金兴建需要投资12亿的巨人大厦，为此，巨人集团背上了沉重的债务和巨大风险。

终于，在1996年，巨人大厦的资金开始告急。整个大厦在打地基的过程中遇上了地层断裂带，珠海发大水又两淹"巨人"基地。工期拖长，大厦的建设资金面临枯竭，史玉柱面临着巨大的财务危机。

而此时，他却未意识到自己的错误在什么地方，没能及时调整方向，仍然将巨人大厦看得过重。从开工到1996年6月，他没有因为资金问题让大厦停工一天，主要依靠生物工程提供的6000万元资金。巨人集团危机四伏，管理不善加上过度抽血，生物工程一下子被搞得半死不活，这一新兴产业开始萎缩，以至于后来不能造血，使集团的流动资金完全枯竭。

就在同一时期，他还投资了4.8亿在黄山兴建旅游工程；投资5400万元购买装修上海巨人集团总部；投资了5个亿上新的保健品……其结果，使得集团内部的问题更加严重，病入膏肓。

1997年初，问题终于大爆发，巨人大厦到期没有完工，酿成了全国有名的巨人风波。国内购买了楼花的人天天上门要求退款，媒体地毯式报道巨人的财务危机。在这种形势下，只建到了可怜的第三层的"巨人大厦"停工了，巨人集团因为1000万元的资金缺口而轰然崩塌。

因为这次惨痛的失败，上海一家媒体把史玉柱列入了中国悲剧企业家之"英雄末路企业家"10人榜。他是雄心万丈的头狼,可当他走错方向时,又能怎么样呢?还不如一只理想不高但却脚踏实地、方向正确的山羊。

★正确的方向是怎样来的?

1.结合自身实力和特点,作出正确的判断。

俗话说:"没有金刚钻,不揽瓷器活。"一个人适合干什么,能够干什么,由他当下的资本决定,而不仅是头脑中的理想和一份激情四射的计划书。我们在选择方向时,首要必做之事,便是对自己手中所有的牌作一个冷静明智的判断:

我喜欢做什么,我又适合做什么?

我有多少资金,有多少人?

我最擅长的是什么,有没有与此相关的资源配置?

只有搞清这些基本问题,你才能发现最适合自己的方向,才不会犯史玉柱那样的巨大错误。因为你会清晰地看到自己当前所处的阶段。当你还在打地基时,你就不会梦想马上看到漂亮的屋顶;当你发现自己不会游泳时,你就不会腾空一跃跳进大海,盼望自己游到十里之外的海岛。

2.作出严谨的计划。

计划是伴随方向产生的,当你发现自己最该努力的方向以后,才可以说:一份严谨的计划有了它应该存在的价值!先有方向,后有计划,而且它必须是一份具备现实可行性的严密的分析方案,具体到任何一个环节,并且提供所有可能想到的解决思路。

3.不折不扣的执行。

在坚定的执行过程中,我们还要根据形势变化随时做出正确的修正,以保证我们的方向时刻正确,至少不会偏离轨道太多。如果你能做到以上的三步，我就可以说：无论你是一只狼或者羊，你都可以取得成功，至少你不会半途而废或者马马虎虎，总能取得一些成绩。

明确自己的目标：你想得到什么？

确立一个正确目标并围绕它开始工作

1.对于自己的目标，你需要始终清醒和明白，保证自己绝对不会偏轨——除非它在后来被证明是错误的，不过是自己的一时误判。

2.你要知道自己想得到什么，直奔最终目的，面对中途的一切其他诱惑，你须有足够强大的抵抗力。

3.坚持的力量、清醒的判断力，以及不会轻易被动摇的坚强神经。这是羊性智慧的三大优点。

聪明的羊从来不会像狼一样四处搞游击战，它们极有耐心，知道自己该做什么，以及该如何做，不会暴躁，更不会随意更改决定；它们就像流水一样安静，像磐石一样坚定。这是我们最需要的对准目标的力量。

有一位父亲带着三个孩子，到沙漠去猎杀骆驼。他们到达了目的地。父亲问老大："你看到了什么呢？"老大回答："我看到了猎枪、骆驼，还有一望无际的沙漠。"父亲摇摇头说："不对。"父亲以相同的问题问老二。老二回答："我看到了爸爸、大哥、弟弟，猎枪、骆驼，还有一望无际的沙漠。"父亲又摇摇头说："不对。"父亲又以相同问题问老三。老三回答："我只看到了骆驼。"父亲这时才高兴地点点头说："孩子，你答对了。"

这个故事就在告诉我们：一个人若想走上成功之路，首先必须有明确的目标。这个目标一经确立，就要心无旁骛，集中全部的精力，勇往直前，直到把它实现。眼睛里面藏着太多东西，对于一个人来说反而不是什么好事；想到和看到太多的苦恼，正是因为他的选择太多了，因此他不管做什么都难以集中全部力量，吃着碗里的，看着锅里的，最后两边都没搞定。

前不久，我在看完《世界上最伟大的推销员》后，感触很多。特别是这本书里提到的一个道理，正是我讲到的"目标大于决心"：做事要目标明确，术业要有专攻。只有在某个方向上做得专业才能成功。现在很多人之所以不能成功，很主要的一个因素就是他的知识太广了，选择太多了，最终他不知道自己最擅长什么。

"什么都可以做"的人满地都是，可是现在的成功俱乐部，需要的却是选择专一、方向明确的人！

"正确地做事"与"做正确的事"

英国有一家报纸曾经举办了一项有奖征答活动，题目是：在一个充气不足的热气球上，载着三位关系世界命运的科学家。第一位是环保专家，他可以拯救人类因环境污染而面临的厄运；第二位是核子专家，他有能力防止全球核战争使地球免于遭受灭亡绝境；第三位是粮食专家，能在不毛之地种植农作物使数千万人脱离饥荒。但是，此时热气球即将坠毁了，必须丢下一个人以减轻载重，使其余的两个人得以存活，请问，我们该丢下哪一位科学家？

这个问题刊出之后，因为奖金数额极为庞大，读者的信件如雪片一般飞来。大家都极尽所能地阐述他们的见解，希望能赢得这份超级大奖。针对这三位专家到底该丢下谁的讨论，可谓是非常详尽，人人都提出了自己的理由。

最后结果揭晓，巨额奖金的得主是一个小男孩。他的答案是什么呢？很简单："把最胖的那个丢出去！"

当人们在讨论应该丢掉哪位科学家时，大家都有自己的理由，而且都认为自己是正确的。然而气球即将坠毁，最急需解决的是如何减轻气球的重量，因此我们最该做的事其实就是扔下去最胖的，只有在确保气球不会坠落的情况下，再讨论其他的事项才有意义。

小男孩的答案正是遵循了正确的解决方向，我们说，只有他的回答和他选择的办法是"做了正确的事"。其他热烈讨论的人们，不过是怀着正确的目的在做错误的选择，而且他们无效的讨论也是在浪费时间。

除了"做正确的事"，还有一个重要的问题是如何做事，也就是我们所说的"正确地做事"。"做正确的事"与"正确地做事"是我们达到最终目标所必须面对的两个问题，无论是管理者，还是普通员工，都要时刻面临这两种选择。

★正确地做事

许多人天真地认为，在职场只要跟着领导的指示走，就是正确的，反之则是错误的。所以他们说："正确地做事，就是做老板让做的事，不会错！"但是只听老板的话，看似"正确"，实质十分错误。因为老板对你讲的道理，永远都是对他有利的。如果你听大老板的话丢掉手头的工作去做诸如案例分析或数据统计之类的事情，你的上司会舒服吗？这就出现了"正确悖论"：若是听从领导的话做事就是正确的，那么当两位领导同时指示你做不同的事情时，你怎么办？

我的建议是，要想尽可能接近正确，老板或上司的话，你就只能听一半。这一半是"服从",另一半则是"独立思考"。你要考虑当前最要紧的事是什么,自己必须做的事又是什么,而不是唯命是从,接到指示就立马照办。否则你可能累个半死,也讨不到半点好去。

★做正确的事

对于公司和管理者来说,"做正确的事"就是要通过确定好公司和管理方面的发展战略、自身定位来提高具体的效能,简单地说,就是我们要明确正确的前进方向;而"正确地做事",则是我们要在正确的战略和目标下,通过有效的日常管理来提高效率,驾驭狼群们为团队实现利益最大化。就像那份英国报纸的测试题,上面说的"最胖"只是一个粗略的标准,那么我们现在问:到底是脸最胖还是肚子最胖呢?按照利益最大化的定义,那位小男孩所说的"最胖"的正确意思,应该是"体重最重"。

所以简单来说,正确的事只有三种:1.公司利益需要你做的事;2.个人发展的角度必须做的事;3.既利己又利人的事。我们当然很难将这三种"正确"综合统一起来,但却可以尽量选择最折中的方法,按照优先顺序进行考虑。比如,当上司或下属对你提出一个要求或请求,需要你采取行动时,你应该先按照1的标准进行考量,其次是2,最后是3,总能找到一个合适的范围。如果这三条标准都不符合,那么这件事就是不可以做的,对你半点好处都没有。

长赢之道:野心别太大

我们可以确信的是:野心越大你就死得越快。因为野心太大,前进或扩张的速度太快,往往就会像史玉柱早年的发展所表现的那样,暴露出诸多的问题：

1. 对前景过于乐观，忽视隐藏的内部危机。

2. 扩张太快，自身的准备不足，就会难以应付突如其来的问题，从而可能在毫无预兆的情况下突然崩溃。这种准备，包括人才、资金、管理架构，以及管理者的心理。

3. 大野心未必赚大钱，因为野心大成本也高。任何人和任何公司都没有资本可以无限量挥霍，微软和西门子也不行。如果不能控制乱伸手的欲望，就会给自身带来危机。

所以，对管理者而言，野心大犯错的机会就多。走得稳，过去走的路才有价值。如果没几步就摔倒了，前面跑得再快也是毫无意义的。这一条对管理者尤其重要。因此，适当地控制下自己的"狼子野心"，像羊那样踏实缓步前进反而更容易取得成功。

二战中的日本就是很典型的例子，发起入侵东亚的战争后，在中国陷入泥潭和消耗战，又进攻东南亚，最后袭击美国珍珠港，四处扩张，到处是敌国，终于支撑不住，丢掉了除本土以外所有的"据点"，最后只好投降，直到现在依然有美国驻军，成为一个"特殊国家"。从国家战略的角度讲，二战时的日本是极其失败的，没有人能够站出来控制整个日本的野心，这是它遭到盟军沉重打击的主要原因。

人为什么会有野心，因为人只要活着就必然有需求，而需求过大就变成了对外的扩张欲和占有欲。

八百多年前的金国有一个金废帝海陵王，他就是很有名的一个野心家。金废帝从小就喜欢习武，作战勇猛，足智多谋，所以也很自负，他平生有三大志向："国家大事皆自我出，一也；率师伐国，执其君长问罪于前，二也；得天下绝色而妻之，三也。"意思是：天下大事由我说了算,这是第一;我还要率军队攻打敌对的国家,把他们的君主抓来,在我面前问罪,这是第二;得到天下最美的女人,让她做我的妻子,这是第三。

听起来不但目中无人,简直狂妄至极了,他是一个想征服全世界的皇帝。1161年,金废帝耐不住性子,发动了对宋的灭国战争。最初的形势,确实显示出了他出色的军事能力,成功骗过宋军的主力,一举突入了宋朝境内,割裂了宋军与中央政府的联系。然而随着战事的进行,金国的后方发生了叛乱,军队失去了控制,侵略计划最终败亡,金废帝也在当年九月死在了南宋境内,被部下用绳子勒死,然后裹上皮革给烧了,时年才四十岁。这个杀人狂和野心家,为自己雄心勃勃的南侵计划殉葬。

了解了金废帝的个人野心所产生的悲惨结局后,问题就出来了:如何控制管理者的个人野心,使他避免变成孤军冒险的"狼",以不至于对整个团队造成不可预测的损失?美国管理学家泰罗说:"为了提高效率和控制大局,上级只保留处理例外和非常规事件的决定权和控制权,例行和常规的权力由部下分享。"

分权和授权的管理,有利于下属发挥主观能动性

从用人的角度讲,用人是上司对下属的一种权力运用。但是如果我们简单地这样理解,那就大错特错了,因为用人并不是权力专制的表现,而是一种权力调控的游戏。换言之,优秀的管理者并不需要做一只独断专行的狼才能证明自己,他只须做一只可以左右逢源的羊就可以了,而且他必须做羊,以让下面的狼群发挥更多效能。

所以现代的企业管理中,就有"把监工赶出权力层"的说法,这就是对于专权与放权关系的精辟概括。在团队中，无论权力还是野心，都是一种管理力量，对它们的运用是有法度的，而不应该尽由管理者个人无限膨胀自己的欲望。因此一个高明的管理者首先要明白一点：老板的工作是管理，而不是专制。也就是说，老板并不是监工，他只是公司的受益者。如果管理者将自己当成专权的化身，将决策权揽于一身，视自己为一只狼，而把所有的员工都看成是为自己服务的羊，那这样的上司永远成不了好的管理者，并且，他一定会将公司带入危险的境地。

最大的原则是绝不允许滥用权力

我在公司制定了一条规则，用来限制我自己：任何人都可以投诉不符合公司规定的管理行为，包括老板自己。我很清楚滥用野心、无限控制权力的后果，因为我并不能独自解决一切，只有将聪明下属的智慧结合起来，让它们自由并积极地释放，才是公司得以发展的最强大动力。

很多家族企业的倒掉，无不与最高管理者只想做狼而不想做羊有关，不想放权，始终由他自己掌握方向，看似英明，其实却在走向死胡同。这已经成为让现代企业管理者警醒的事实，那些死抓着权力不肯放的野心家，因为权力太大的缘故，往往滥用权力，带着企业走向危险的方向，危及所有人的利益。

而且，如果老板总是缺乏亲和力，又野心太大，并且将权力的大棒肆意地在员工面前挥舞，这样也将大大增加员工的反抗心理，只能收到相反的效果。失去民心的老板会有好下场吗？我曾认识一位老总，迷信大棒政策，当下属不按他的意图行事时，他是一点不愿花时间与员工沟通，而是马上使出权力，想借以操纵对方，让他们立即服从。即使他不是用那种很强硬的态度，但他的行为也经常明确地向对方表示：我不信任你的能力。结果，有才能的人都不愿再留在他的公司。

这是一个有霸气和野心的管理者必须要知晓的王道法则：我不可能控制一切，所以我应该与众人共享权力。

在此，我们总结出几条简单的羊性心态供大家参考：

1. 对于负面情绪请产生麻木心态，降低敏感度；

2. 无论贫穷还是富有，适当放低生活的标准，莫要求太高；

3. 选择最喜欢的职业，但是不要当成"伟大的理想"；

4. 一定要有抗压力并耐打击，因为失败总会突如其来；

5. 确立一种感恩的心态：我得到的已经够多了；

6. 拥有张弛有度的生活节奏：不能总是那么忙；

7. 在人际交往中，记得相互赞美；

8. 对生活充满热情，有一个阳光的性格；

9. 对灰色的记忆适当地健忘：坏事我总是想不起来；

10. 你善于自嘲吗？这是减轻挫败感的好办法；

11. 适当的精神胜利法：没关系，我已经很棒了，比任何人都棒；

12. 在 8 小时外有所寄托：我的理想并不只是工作；

13. 记住，嘴角习惯性地上扬 15 度，让微笑改善生活。

相信我，以这样成熟的姿态来面对工作和生活，那你就不会被内在的野心与欲望控制而痛苦！

羊性管理第 **6** 守则

严于律己：把事情做到最完美

珍惜每一个机会

羊性贵在踏踏实实，抓住每一个机会，做好每一件事，绝不好高骛远，一步一个阶梯向上走。只有这样持之以恒，才会一步步登上胜利的阶梯。一件小事，可能决定你的一生；一个不起眼的机会，也许背后就蕴藏着巨大的商机，你的命运也可能会随之遇到转机。无论是对于个人，还是对于工作，这项素质都极为重要。

英国现代戏剧的奠基人萧伯纳说过："人们总是喜欢抱怨周围的环境，但我不迷信环境。成功的人，总是自己寻找机遇，如果没有找到合适的，他们就去创造机遇。"

1997年的时候，我刚进入社会，没有找到合适的工作，生活极为困窘。当时我面临两种选择：1.继续等待，直到机会出现；2.先找一个养家糊口的饭碗，在工作中等待机会。经过几天的考虑，我选择了后者。那是怎样的一份工作呢？在天津的港口扛大包，从轮船卸下来的货物，要把它们扛到车皮上去。非常辛苦，但却收入不菲，足以支撑我当时的生活。

你会说："天，这是机会吗？这不是工作，而是受罪。"没错，看起来是这样的，不但很累，而且休息的时间很少，连续工作12个小时，中间只有半小时的吃饭时间。我努力地坚持了六天，累得眼睛都快冒火了。就在最后一天，我跟组长闲聊时，他问我学的什么专业，我说："计算机程序。"组长的眼睛一亮："我有一个亲戚，在西安一家软件公司做经理，听说他们现在在招人，你要不要去试试？别做这么累的工作了。"

第二天，我坐上了去西安的火车。

难道这不是机会吗？这件事对我的人生造成了巨大的影响，它让我明白：机会不是等出来的，而是做出来的。有时我们为了一个可以带来质变的机遇，往往需要做很多看似无效的工作。在这个过程中，我们不但需要耐心，更需要恒心。就像羊那样，一口一口不紧不慢地吃着草，生活好像定格了，但说不定某一时刻，命运就会改变。我们要想成功，把握那些稍纵即逝的机会尤为重要。

对于一个企业、一个创业的人来讲，你要怎么把握住机会？

首先，在发现机遇时尽快进入市场

机遇一旦出现，作为一个羊性管理者，就要调动集体的力量，立即采取正确的行动。你会问：什么是尽快进入？我的回答是：当市场需要并给你留出空间时，千万不要错过机会。

在波兰的第一个民选政府成立的同时，法国的达能集团就开始进军这个市场。因为摆在它面前的机遇是巨大的：波兰有着渴望高品质西方产品的消费者，他们高达 3800 万人。

但是，想要在这里取得成功并不容易，这是由当时波兰的特殊情况决定的。达能集团的首席代表去了之后发现，这里简直就是百废待兴，农业系统更是一穷二白，到处都是落后的集体农场，也没有任何的销售网络。市场有了，但是生意怎么展开呢？他们看准的，正是这里的一穷二白。

从 1990 年开始，达能集团每周都往波兰运一货车的酸奶，他们并不着急，也不急于吞掉这块处女地，而是先使波兰的消费者开始了解达能，熟悉他们的产品。同时，达能的销售人员一一地拜访那些刚刚出现的私营小商店，极力说服他们销售达能的产品。两年以后，达能开始在当地进行生产，同时建立了一座现代化的农场来保证稳定的奶源。就这样，在其他对手还未踏入之前，达能开拓了一片稳定的市场，利润自然滚滚而来。

该出手时就出手，找到理想中的合作伙伴

当你依靠自己的力量无法抓住机会时，你会怎么办？如果不能找到合作的力量，你将失去全部可得的利润，你会果断与他人分享吗？我记得有这样一个故事：

卖电梯配件的销售员小牛半夜正熟睡的时候，忽然接到了陌生客户的电话。对方想要他们公司帮助换整部的电梯，但是小牛心知肚明，他们的公司只做配件，不做整梯，于是他就回绝了对方。但是后来对方又打来了电话，合作的意图非常大，也比较急迫。小牛就把这个情况向领导反映了一下，领导的回答是：公司没有能力合作，让小牛自己处理，不要影响公司的利益。

小牛开始动了心思，他暗自觉得，这是一个能够掘金的好机会，既然摆在眼前了，就不能白白地流失掉。他决定尝试一下，公司不干我来干，没准这将会是我人生里的第一桶金！他开始着手谋划，但是他所属的公司只是一个做电梯配件的，他自己对电梯的装配工程也不懂，该从哪儿弄到整部的电梯呢？

后来，他想到了一个电梯行业的老技术员朋友——老王。他把事情的情况大体跟老王说了一下，确定了此事的可行性，两人一拍即合。接下来就是谈合作的事项。小牛和老王约了客户洽谈，双方对项目工程、资金问题进行了详细的谈判之后，签了合同。合作正式开始了。然后他们又联系了另一位电梯制造企业的朋友小陈，将这个生意转包出去，两人从中分红。一个月后，小牛如愿以偿地拿到了自己的两万元分红。

这个事例就是告诉我们：当机会来临时，你要时刻准备抓住，因为每个机会都可能给你带来意想不到的收获。

所以大凡取得最后成功的人，往往都是平时严于律己，并在冷静之中善于把握机会的人。每一家企业和每一个人，不管决策的大小，我们都需要事先作出规划，机会来临时，才不至于惊慌失措，丢掉机遇。那些平时松松垮垮、什么事都不做的，机会来了再临时抱佛脚，就永远得不到命运的垂青。

专业就不会失业

让自己在某些方面不可或缺

如果你拥有一些特定的价值，那么恭喜你，你已经成功了一半。羊能提供羊肉、羊毛，是它受人重视的主要原因。狼却一无所有，没有人类需要的东西，所以狼几乎被赶尽杀绝。这就告诉我们，如果你不想失业，那么就给自己打造一个"铁饭碗"吧！

即便在美国这样一个市场竞争极为激烈的国家，也存在永远不会失业的职业。

我的一位朋友，就在美国经历了这样的事业转型。她在国内时，学的是文科，到美国后不停地碰壁，很难找到工作，幸亏美国是一个注重发掘个人潜能的地方，没有太多的行业限制，不像我们国内这么讲究"隔行如隔山"。美国文化倡导你只要有真本事，那么你就"想什么，什么就是你"。她辗转跳了几次槽、换了几样工作之后，下了一个决心：重回校园，从零开始攻读护理专业。然后，她为自己找到了一个"铁饭碗"。因为护理专业在美国是一个永远不会失业的职业。

这是为什么呢？因为从上个世纪末开始，随着人口的老龄化，护士变得奇缺，而且日趋严重。据美国官方预计，到2020年，美国将需要多达280万名全职护士，而到那时候的在职护士却只有220万名，远远无法满足美国人的需要。进入21世纪以来，虽然每年有20多万人加入护士行业（其中有约6.6万名来自海外），可还是无法从根本上解决护士短缺的危机。由于护士属于紧缺的专业人才，从海外输入的护士，还可以因此申请"绿卡"定居。

这是一种什么样的优势？护士专业的人，在美国找工作几乎就是皇帝的女儿，根本不愁嫁，只要你有获得认可的护理专业的文凭和证书，无论在全美哪个地方，保证可以在几天之内找到工作。虽然护士的薪酬不算太高，但大专文凭以上的注册护士，刚开始就业时，一般就可以拿到四五万美元的基本年薪了，一些特殊专业的护理人员还可以挣得更多。

朋友上班后，给国内打电话报喜，十分感慨："我现在才明白工作是怎么回事，工作就是你被别人需要，而不是你需要别人。"

只有你在某些方面不可或缺，别人才会需要你。你或者能干，或者能苦干，或者有智慧，或者善于统筹全局。总之你能创造价值，你的专业就是力量。否则，如果你没有某些方面的特殊才能，再高的理想，最终也不过是镜花水月，没有多少价值。

最忌讳眼高手低

《中庸》里有句话："君子之道，譬如行远必自迩，譬如登高必自卑。"这句话怎样去理解？这就是说，一个人在做事的时候，就应该像行路登高一样，由近及远，由低到高。先着眼于眼下，凡事都需要一步一个脚印，脚踏实地地迈向自己的人生目标。

荀子也说过："不积跬步，无以至千里；不积小流，无以成江海。"

现在有许多职场新人，进入公司后总是雄心万丈，想着今后怎样大展宏图，实现心中的理想，然而他们却不知道如何去努力拼搏奋斗，从而实现这些人生理想，强大的野心使他们目空一切，丧失理智，最终也只有在幻想中度日。

不切实际、眼高手低地制订事业计划，是一只职场羊的大忌。有职场经验的人都知道，现在有很多人，而且常常是新人，其中也包括一部分职场"老油条"，他们在每个公司都待不长，少则一个月，多则三五个月，虽然他们的年龄不小了，但却永远是职场新人，永远以新人的面貌出现。

为什么会这样？因为他们一进公司，就非常地"眼高"，总是急于表现自己的才能，总会提出一些激情冲天，却大而无当和不切实际的计划，想一口吃成个胖子，成为"重要人物"，甚至化身为公司的"头狼"。结果证明他们往往非常"手低"，他们的计划根本没办法执行，他们的能力也不足以胜任，结果也只能是以失败告终。

这方面的教训就是：仗要一场一场地打，饭要一口一口地吃，即使你要登上月球，也还是要从地上出发的。

美国《时代》杂志曾经发表过比尔·盖茨给青年人的11条忠告，他在第三条中说：刚从学校走出来时你不可能一个月挣4万美元，更不会成为哪家公司的副总裁，还拥有一部汽车，直到你将这些都挣到手的那一天。

其实，盖茨就是要告诫年轻人切忌眼高手低。"小事不愿干，大事干不了"，是很多职场新人最容易犯的毛病，如果不注意纠正，很可能会使你沦为志大才疏式的人。

我们不妨来看几个眼高手低的例子：

案例一：

有一位在业界小有名气的策划师，受邀给一家陷入困境的餐饮企业出谋划策。他冥思苦想了三日，最后拿出了一纸令全世界跌破眼镜的计划书——建造"万人大餐厅"。这个疯狂的计划中赫然写着，要囊括中国所有的菜系和小吃，而且是全国首家！当时他是这样盘算的：如果按照最保守估计的人均消费45元，每日早餐上座率为40%，中餐和晚餐上座率为70%，则每日有18000人进餐，日营业额可以达到80万元，一年就是3个亿！由于集中经营，可以大幅降低成本，毛利就可以达到2个亿以上，另外还有无法估量的外卖和边际利润！

该公司的领导听了"大师"的鼓噪后也是热血沸腾，立即责成有关人员着手运作。但在运作的过程中，却步步都行不通。首先就是场地，在市中心根本就找不到那么大的营业场所，虽然在城郊有大型的展销场可以租赁，但交通问题也根本没办法解决。另外，这份计划面临的阻力极大。消防局坚决反对在消费者如此密集的地方搞餐饮，因为有火灾隐患，所以根本就不给颁发消防许可证。卫生防疫部门也明确表示反对，一旦发生万人集体食物中毒事件，就是全市所有医院的病床全部腾出来也不够。除此之外，公安部门担心的是集体性治安隐患……最终，这份所谓的伟大计划也只能胎死腹中，不可能变成现实。进行到此时，已经白白浪费了公司的几十万运作经费，该公司领导追悔莫及。

案例二：

　　在某一处的高级住宅区有一个负责开电梯的年轻女孩，工作上很勤勉，获得了各单元住户的一致好评，而因为她的相貌酷似某位演员，招来了大家平时不少的议论。大家乘坐电梯时，也总是有意无意地说起她像女演员之事，说得多了，她便默不做声，也不回应。

　　这一天，正处于下班高峰时间，挤在电梯里的人们又开始谈论起这件事情，有人对她说："真的，小姑娘，你长得太像某某演员了，何不去试一试镜，演几场电影呢？"言外之意，你有这份资本，窝在这里开电梯实在太委屈了。这个女孩终于忍不住开口了："您说的那位演员我知道，她至多是位三流的演员，而我却是一名一流的电梯工。"电梯里顿时鸦雀无声，从此，乘坐电梯时再也没有人议论此事。

无疑，女孩是冷静和理性的，她深知自己的优势就是平凡，所以才能在这里得到一个开电梯的工作。如果听从众人的忽悠，去了影视圈发展，她最多也只能得到一个三流演员的待遇，最终连"一流"的电梯员的评价也失去了。

现实中，在职场有些不切实际、眼高手低的人，他们整天总想着干大事，于是对小事不屑一顾，即使做了也是老大不情愿，心里也觉得不舒服，好像做这些事对他太委屈了一样，结果小事也干不好。最后，这种人往往不能被委以重任，不受重用。

古人早就说：一室不扫，何以扫天下？想扫天下，首先必须得有扫天下的能力和心态，而扫天下的能力和心态是通过持续性地扫一室积累和培养出来的，不是随便挥一扫帚就能扫出天下的；相反，那些整天只想扫天下而不想扫一室的人，他们肯定没有扫天下的能力和心态，最后不仅天下扫不了，一室也肯定扫不好，什么都得不到。

当然，在进入职场之前，首先树立自己的崇高理想和奋斗目标，这是没有错的。但应注意要切合实际，根据自己的实际情况一步一步地去实现，既不能好高骛远，亦不可目光短浅。我的意见是：要注意"大处着眼、小处着手"，举轻若重、一丝不苟地做好每一件"小事"。小事中见大精神，可为以后做"大事"积累资源。

对职场新人来说，你只有脱掉不切实际、眼高手低的"外套"，对自身的能力和外部环境有了客观细致的把握，力争从小事做起，争取先把小事做好、做得漂亮，在这个过程中不断地总结提高，积累实力，最后你才有资本去做更大的事情，因为任何事情都是循序渐进的，不可能一蹴而就。

我们也只有静下心来，像一只普通的羊那样，低下头，从身边最简单的事情做起，多看多问和多做，把内在的热情变成持久的耐心，把"眼高手低"改造成"眼低手高"，才可以给自己打下一个坚实的基础。

第一，要想找到自己的专业，不再眼高手低，就先把小事做漂亮。

第二，学会将事情分散处理，按部就班制订计划，并逐步按进度实施。任何事情都要从一开始做起，只有从一做起，你才能做到二、做到三，才能最终成功。不做一的人，永远做不成二，也做不到三，最后当然一无所获，自然不被人所需，找不到他的价值。

第三，在完成小事的过程中，我们应该不断地修正和重新界定自己原先的判断，总结经验和教训，提升自己的实际能力。一旦养成这个好习惯，你离不失业就不远了。

别放过任何细节

发展：从关注细节中发现机会

细节做得好不好，决定你最后能够达到的高度。你是要做到狼性大大咧咧，还是像羊性那样心思缜密？狼在草原的所有行为，只为了最后一击，所以它关注的不是细节，而是猎物是否在自己的冲刺范围内；只有羊才是草原上最为规范化生存的动物，具有无比敏感的嗅觉和细腻的心思。重要的是，羊永远不会错过对于细节的关注。

中日甲午海战爆发前夕，日军驱逐舰舰长东乡平八郎在参观大清访问日本的"镇远号"巡洋舰时，发现舰上的栏杆和扶梯很脏，炮管上晾晒着衣服。他正是通过这些微小的信息，断定清军纪律松弛，根本不堪一击。后来发生在黄海之间的甲午海战的结局则广为人知，成为近代中国的历史惨事之一。

从这段史实看，细节岂止决定命运？它还在很大程度上决定了国运。在西方有一首我们所熟悉的民谣：

> 丢失一个钉子，坏了一只蹄铁；
> 坏了一只蹄铁，折了一匹战马；
> 折了一匹战马，伤了一位骑士；
> 伤了一位骑士，输了一场战斗；
> 输了一场战斗，亡了一个帝国。

小小的一个钉子，却能决定整个帝国的兴亡，你能说细节不重要吗？

老子曾经说："天下难事，必作于易；天下大事，必作于细。""千里之堤，溃于蚁穴"更是民间流传已久的俗语。细节上的精致将保证我们工作的每一个环节都是可控、可信以及从容的。那些盲目认为"成大事不拘于小节"的人，我想他们肯定是没有经历过成功的具体过程。或许他们是站在决策者的高度来讲的，但在我看来，越是处于高端的决策者，他们就越要考虑细节的重要性，因为任何一个细小环节的疏忽，都可能会对企业利益造成巨大的损失，或者错失掉巨大的商机。

我举一个例子：

> 曾经有一位到中国来的美国投资商，生产一种自来水龙头，从中获得了巨大的利润。当初他之所以选择了这个很不起眼的投资方向，是因为他看到中国内地到美国去的人，在关水龙头时，总要使很大的劲。他就想，水龙头容易漏水才会使这么大的劲去关，久而久之，这些人就养成了习惯，那么在中国内地，水龙头的质量一定存在普遍不过关的现象。
>
> 于是他从中获得了灵感，后来经过大量地跟在美华人的交谈，他发现情况确实如此。于是他感到机会来临了，投资这种对他来说

资金和技术要求都不很高的项目，收益一定不小。所以，他马上准备资金来中国实地考察，在摸清市场情况后，立刻购买设备进行生产，很快就站稳脚跟，实现了盈利。

生活：细节决定我们的一生

职场羊的现实生活中，细节的作用显然更大。如果一个人粗枝大叶，经常不修边幅，不但影响工作，甚至婚姻也会受到消极的影响。

有一个年轻小伙，经人介绍认识了一位姑娘，姑娘的自身条件不错，容貌清秀，还有一份不错的工作。但是他们第一次见面后，小伙就决定中断与姑娘的来往。理由很简单：他俩在步行街上散步时，姑娘把刚接过手的一份广告纸捏成一团，随手扔在了地上。就是这样一个毫不起眼的举动，让他看到了这个姑娘的随意和肤浅的修养。

事后，女孩忆起此事是否后悔，我们另当别论，如果她不改掉这样的坏习惯，将来恐怕还会遭遇很多这样的尴尬。因为细节处理不当被人拒绝，她的自尊将无处可放。

有一个才貌双全的女孩，在学校时就是出了名的校花，追她的男孩排成长队，但她最终嫁给的那位真命天子，从外面看却并不出色。许多亲人朋友为她鸣不平，悄悄说她嫁错了，她却很坦然。后来她吐露秘密说：毕业时，她和几个同学去野炊，吃饱喝足后，有的躺在草地上看蓝天，有的去摘野果采野花，有的忙着拍照片，只有他舀了一盆山泉水，把刚烧过的还冒着火星的柴火一一浇熄。那一瞬间，她马上决定，就是他了！

你看，讲究细节是多么重要！一个不经意的举动，就让他赢得了美人心，击败了众多与他竞争的强手。

还有一个女孩，她在银行储蓄所上班。在决定终身大事时，她最后选择的那位先生，也是因为细节而中选。她发现很多人在进入银行储蓄所的玻璃弹簧门时，潇洒地一放手，根本不顾跟进的人受门一撞。只有这个男人来找她时，进门后，还站在那里轻轻地把弹簧门放回原处，有时还为后面不相识的人挡着门，直到后面的那人接过那扇门。终于，她的心就这样被感动了，觉得这是一个懂得体贴照顾人，并且负责任的好男人，放心把自己的一生托付给他。

成功收获幸福的原因是什么呢？秘密就在这里，当我们懂得重视细节时，不但好运会找上你，整个人生都会为之改观。

为商者：去被大商家遗忘的角落寻找大商机

当所有阳光可以照射到的地方都被占领了，你应该去哪儿寻找自己的立足之地？答案是：总是被遗忘的角落，只要你善于发现，你一定能够找到。

20世纪50年代后期，在台北的金融同行中，在那些信用良好、资金雄厚的大银行的夹缝里，台北市第十信用社——简称"十信"——显得是那么渺小，小到根本无人去理睬它。稍有点规模的商家企业都把钱存放到大银行那里去了，对于"十信"根本不予理会。在这种艰难的境遇下，1957年，蔡万春被任命为"十信"的董事会主席。

蔡万春对于"十信"的处境一清二楚，他深知，如果正面较量，自己的实力根本不是资金雄厚的大银行的对手。但他同时又坚信，大银行虽然财大气粗，它们也不可能没有"薄弱"或者"疏漏"之处，那些"薄弱"或者"疏漏"之处，就一定是"十信"的生存之地！

确定了这个思路，他开始走街串巷，留心观察，与市民交谈，找友人咨询。功夫不负有心人，他终于发现了各大银行不屑一顾的一个潜在大市场——向小型零散客户发展业务。

机会找到了，就可以制订计划，采取行动了。蔡万春大张旗鼓地推出了一元钱开户的"幸福存款"。一连数日，街头、车站、酒楼前、商厦门口，到处都是手拿喇叭、殷殷切切、满腔热忱向人们宣传"一元钱开户"种种好处的"十信"职员，而令人眼花缭乱的各种宣传品更是满城飞舞。

"十信"的宣传活动引来了金融同行们的极大嘲讽，他们个个认为蔡万春不是疯了就是傻了——"一元钱开户？"笑话，连手续费还不够呢！

不过，那些大银行家们很快就笑不出来了。"十信"面向普通存款人的诚心和热情获得了普通百姓的热烈回报，家庭主妇、小商小贩和学生们争先到"十信"来办理"幸福存款"，"十信"的门口竟然排起了存款的长长队伍，而且势头长盛不衰。存款额与日俱增，没过多久，"十信"就名扬台北市。

在大银行家的眼里，普通存款人的钱根本算不了什么，更别说是一元钱了。一元钱对他们来说，也根本不值得一顾。而"一元钱开户"中的一元钱也不是钱，连零都不是，而是负数。银行家们岂能做赔本的买卖？然而，令他们想不到的是，蔡万春的"一元钱开户"不仅没有赔本，而且迅速发达。要知道，一元钱只是一个引子，谁会真的在银行只存一元钱呢？只要开了户，就会有源源不断的存款。最重要的是，这种方式迅速拉拢了客源，占领了一大块客户阵地。

一炮打响，让"十信"扬眉吐气的蔡万春信心倍增。他认识到，要让"十信"永久保持目前的发展势头，就不能满足于当前的成就，必须不断寻找新的市场机会，而且，在自己走红的领域，肯定会招来一批跟进者前来争夺这块蛋糕，居安思危的思想也让蔡万春不敢就此满足。

他又开始放眼台北的金融业，寻找那些被大银行遗忘的角落。经过仔细的观察分析，又发现了一个大银行家没有涉足的市场——夜市。在大都市，随着市场的繁荣，灯火辉煌的夜市不比"白市"逊色多少。喜欢夜生活的人越来越多，而且这部分人一般都属于有一定消费能力的阶层，而银行是不在夜晚营业的，客户的消费需求非常不方便。于是，蔡万春大胆推出夜间营业的方式，又是一举赢得人们的极大支持。台北市的各个阶层一致拍掌说好，许多商家专门为夜市在"十信"开户，"十信"又一次誉满台北。

在蔡万春的带领下，"十信"很快发展成为一个拥有17家分社、10万社员、存款额达170亿新台币的大社，名列台湾信用合作社之首。不过，他仍然没有停止寻找和发现新的"空隙"。

1962年，蔡万春到日本访问。期间，他发现日本闹市区的一座又一座金融业的高楼大厦雄伟壮观，不仅令人难忘，更给人一种坚实感和信任感。他的灵感又被触动了。回到台北，蔡万春就不惜重金在繁华地段建起一幢幢高楼大厦。原先讥笑过蔡万春的金融界同行又笑了："这不是乱花钱嘛，建这么多楼有什么用？"但是，他们还来不及将唇边的笑容收敛起来，就又一次瞪大了眼睛："十信"的营业额呈直线上升，原先属于他们的那些客户，也都一个一个地跑到了蔡万春那边。

很显然，市场上狼群聚集，直接竞争并不容易，只有学会潜伏，才是长赢之道。因为我们将目光投向一个个阳光地带，投向大家普遍认识的领域时，那里自然已经聚焦了一家又一家实力雄厚的商家，新兴企业难有立足之地。不过，在这些大商家的阴影之处，在阳光照不到的地方，却一定还隐藏着许多不为常人所知晓的机会。虽然机会看起来很小，但只要真正深入其中，像蔡万春那样去从细节处发掘，就不难开创出一片新天地。

这是最深刻的羊智慧：在我们势力微弱的时候，选择一个别人不注意的角落，既不会遇到竞争对手，也不会遇到大商家的挤压，在被大鳄和狼群忽视的地方，积少成多，就能迅速壮大实力。

在商家征战的市场上，一定会留下许多空隙或角落。在狼群环伺之中，也一定有羊生存的缝隙。羊怎样在狼群中杀出一条血路？如果能像蔡万春一样用心寻找，弱者也可以找到这样的机会。

重要的事最优先

无数的事例告诉我们，没有人能一口气吃成胖子，多欲的结果总是唯一的而且是不可避免的，那就是你什么事情都做不成。只有专注于做其中一件，你才能逐步完成所有的计划。不管是生活还是工作，事情得一件件做，饭要一口口吃，做事千万急不得。

世界上最紧张的地方可能要数只有10平方米的纽约中央车站问询处。每一天，那里都是人潮汹涌，匆匆来去的旅客都争着询问自己的问题，都希望能够立即得到答案。对于问询处的服务人员来说，工作的紧张与压力可想而知。可柜台后面的那位服务人员看起来一点也不紧张。他身材瘦小，戴着眼镜，一副文弱的样子，显得那么轻松自如、镇定自若。

他正在接受一个矮胖的妇人的咨询，妇人头上扎着一条丝巾，充满了焦虑与不安。这时，有名穿着入时，一手提着皮箱，头上戴着昂贵的帽子的男子试图插话进来，但是这位服务人员却旁若无人，只是继续和这位妇人说话："你要去哪里？""春田。""是俄亥俄州的春田吗？""不，是马萨诸塞州的春田。"

他根本不需要看行车时刻表，就说："那班车在10分钟之内，在第15号月台出车。你不用跑，时间还多得很。"

"你是说15号月台吗？""是的，太太。"

女人转身离开，这位先生立即将注意力转移到下一位客人——戴着帽子的那位身上。但是，没多久，那位太太又回头来问一次月台号码。"你刚才说是15号月台？"这一次，这位服务人员集中精神在下一位旅客身上，不再管这位头上扎丝巾的太太了。

他曾经这样回答好奇地采访他的人："我并没有和公众打交道，我只是单纯处理一位旅客。忙完一位，才换下一位，在一整天之中，我一次只服务一位旅客。"

他的话堪称至理。"一次只做一件事"，只有这样，才可以使我们静下神来，心无旁骛，一心一意，把最需要做的那件事做完和做好。

如何一次只做一次事？其实就是重要的事最优先。

羊性成功的战略：一次只做一件事

很显然，史玉柱在他早期的失败中汲取了教训。他在后来的成功中，变得极其专注，为自己的公司注入了专注的文化：最大的成功莫过于把一件事做到最好。

巨人公司的总裁刘伟说："老板以身作则自上而下推动了一种专注文化，所以现在我们对这种文化贯彻得很彻底。"由于史玉柱的全身心投入，加上他本人对游戏的细枝末节都希望能够尽善尽美，在他投身游戏业之后，负责《巨人》游戏开发的 300 多名研发人员都处在一种高强度的工作状态之中，所有人的工作都围绕着一件事：将这款游戏的功能做到最优秀。

时间被最有效地利用了，史玉柱走起了精品路线，不再四面出击、左右兼顾，而是将所有的资源和时间全部投入到一个产品上，使之成功，然后再考虑是否需要推出新的产品。他的专注得到了回报，《巨人》游戏上市后，仅四个小时，同时在线的人数就超过了 20 万人，然后巨人网络的股价大涨 22%，报收于 12.65 美元。

如果你也想成功，那么你也应该学会"一次只做一件事"，并且是做最优先的事。不管你执著于生活中的一件小事，还是自己的事业。

三步管理法：提升自己的时间效率

管理大师彼得·德鲁克（Peter Drucker）认为，大部分人都不善于管理自己的时间。《有效的管理者》（The Effective Executive）出版于 1966 年，距今已经 40 多年了，但是时至今日，无论是高级经理人、老板或者是普通员工，我们好像依旧陷于同样的困境里。

要想永远只做最重要的事，你就必须学会有效地管理时间，提升时间效率。要达到这一完美目标，我们通常需要三步：1. 记录和分析时间的支配与运用；2. 找出时间浪费的原因并系统化管理；3. 设定完整区块，只做最重要的事。

德鲁克在他的理论中认为，最能鉴别一个人管理效能高低的关键因素，就是他能否珍视时间。管理者的处理有多艰难呢？他的时间通常是属于别人的，这就是我们为什么称管理者其实是羊，而不是狼的原因。即便老板，他也是公司的俘虏，而不是公司的主人。所以管理者每天都在浪费大量的时间来做很多一定要完成的事，但效率却不一定高——如果他不能确定哪一件事最优先。

问题就是，一位羊性管理者，他应该怎样高效地管理时间？

◆时间管理的第一步：详细地记录时间的运用情形

如果你不明确自己的时间都用来干了什么，你就很难确定自己的工作是否符合需要的效率。我每天如何分配自己的时间？我在分配时间的过程中做到有序管理了吗？显然，不少管理者难以关注此类问题。而且重要的是，他们经常还会产生自我欺骗的假象。

有位老板曾经说明自己的时间支配情形，他万分确信自己把时间井然有序地切割成了三个重要部分，分别用在了高级主管、重要客户和小区的活动上。在他嘴里，他的时间支配是十分有效率的，一分钟都没有浪费。可是当秘书提供他的工作安排记录时，我们才发现，这位老板在一个月内几乎没有从事过上述的活动，他大部分的时间反而都是在担任调度者的角色，追踪熟识客户的订单，然后不断打电话到工厂，要求工厂赶紧处理订单。

为什么会出现这种落差？因为高级管理者面临的事务是如此之多，当他的时间管理陷入混乱时，他会强迫自我感知代替实际情形，制造自己很有效率并且乐在其中的幻象。所以时间管理的第一步，就是要忠实记录自己真实的时间运用情形。他不一定要亲自记录，可以交由秘书或者助理完成，但重点是，一定要切实记录下来，而且要当场记下，不能事后凭记忆。

将自己对时间的利用忠实地记下来，我们才能有效地反省时间运用的无效，发现自己将时间用在了什么地方。几乎所有的老板都会发现，他们实际上在许多细枝末节的事情上浪费了太多的精力。对此心知肚明之后，我们才有可能重新思索和安排自己的行程，开始时间管理的第二步：去追求时间效率。

◆时间管理的第二步：系统化地管理时间

系统化的时间管理对我们来说无比重要，管理者必须从记录中找出无生产力、浪费时间的活动，并且今后尽可能地避免这类情形再次发生。这时，我们还要问自己一些问题，并确定答案：

1.如果我根本不做这些事情，会怎么样呢？

如果你的回答是：不会怎么样的，一点没有影响。那么，对于这件事你就应该立刻停止，不要再处理。有些人之所以感觉到忙，正是因为他们从不错过任何事——哪怕这件事根本无足轻重，他也想亲力亲为。因此，如果一项活动对于组织或自己是毫无贡献的，就该学习向它说不。

2.有什么事情是可以交给他人完成的？即便没有我做得好，也可以完全胜任？

这是管理授权的一部分，羊性管理要求我们绝不能做狼，而是要尽可能调动群狼的力量。如果某一件事是可以交由其他人轻易地完成的，并且那个人值得信任，你就应该交付出去。管理者应该把省下来的珍贵时间，拿去做更重要的事情。

3.在我所做的事情当中，有哪些事浪费了我和组织的时间，效果却极为低下，对我毫无贡献？

排除浪费时间的事件，是我们要最后确定的。有时候，我们在浪费自己时间的同时，也在浪费别人的时间，尤其作为高级管理者，他们的行动往往会带动一批人围绕着他们进行工作。因此，管理者的行为通常不是代表个人，而是代表组织。当我们确信这一点时，排除掉那些毫无功用的事，就可以节省大量时间，去做更重要的事。

比如，某财务主管明知道开会很浪费时间，却还是要求所有的部属每次都来与会，而参与者为了表示出自己的参与兴趣，又会提出至少一个（多半是不相干的）问题，结果让无效的会议变得更加冗长。其实大家都觉得这样做纯粹是浪费时间，导致最重要的事情始终无法处理，这叫集体性"怠政"，在官场和职场都大量存在。

在询问了部属的意愿之后，这位主管终于决定改变，他想出了新的方法：在开会前，先送出一份书面表格，注明本次会议的与会者、时间、地点及主题，如果其他人觉得需要了解相关的信息，可以自行决定参与与否，然后在会后一定会立即接到会议内容的完整摘要，并且欢迎大家提出意见或者评论。

相较于先前动辄十几个人的庞大会议，和消耗掉一个中午的无效行为，现在，只有少数几人参与会议，时间也节省到一个小时，并且没有人觉得被排除在外。这样做的结果就是积极的，既节省了时间，也大大地提高了工作效率。

◆时间管理的第三步：找出完整的时间区块，制定优先秩序

通过记录和分析时间，排除不重要的活动与浪费时间的因素后，就可以让管理者腾出时间从事更重要、对组织或个人更有贡献的工作。然后，我们可以找出一段完整的时间，专心地去处理重要的事。

制定有效的计划是最为要紧的，不但要学会控制时间的管理，还应该在有效的时间内，划定一个区域。比如，明确早晨我应该做什么，中午应出席什么活动，下午有哪些最重要的事情需要我去做，而不是我随

心想到的一些无关紧要的杂事。最后，我们还要为重要的活动设定完成的最后期限，以了解时间是否在我们的掌控范围内，以及定期评估时间的利用效率，做出调整。

我不是天才，却比你勤奋

什么样的人可以在狼群中取得成功，并领导群狼？巴菲特和彼得·林奇是天才吗？史玉柱和马云是百年难遇的奇才吗？都不是。只有勤奋才可能创造伟大，专注于想做的事，并认真将之做好，调动一切积极因素，除此之外没有任何因素可以帮助你实现伟大的壮举。无论是管理还是创业，如果你以为自己是老大，就可以懒惰，那么必被手下的狼群超越，将你取而代之。

羊不是天才，但是羊勤奋

为什么要做一只平凡的羊，而不是拉风的狼？我常跟身边的人说，因为羊有一个最大的优点，就是它从来都不会偷懒。羊从来都不是天才，它看上去笨笨的，跑得慢，反应不够灵敏，但它认准了一个目标，就会坚持走到底。就像足球运动员一样，最伟大的球员往往不是那些少年天才，而是在训练场上最勤奋的人。比如贝克汉姆，他绝不是最好的球员，因为他不是天才。但是，他却用自己不断的勤奋练成了世界足坛独一无二的右脚。

在我们的现实生活中，到处都是依靠勤奋成功的例子。

我有一位朋友，现在在美国做传媒公司，他跟我讲起年轻时的经历时，曾经笑言："小时候亲戚邻居都说我傻，没多少心眼，大人走到哪儿，我就跟到哪儿，整个一跟屁虫，没少被人欺负。上了学之后，学习也不好，因为我特别笨，脑子反应慢。"就是这样一个从小被定义为"傻瓜"的人，19岁就在国内成立了一家广告公司，随后因为经营不善关门大吉，但他丝毫没有放弃，找出原因，认为是当时国内的环境还不成熟，于是去了美国。现在，他是纽约一家传媒公司的副总裁，而他只有34岁，身家超过500万美元。

他总结自己的成功经历，提到的两点至关重要：

1."我从来不认为自己可以不学而通，世上没有我比别人更明白的事。"

2."如果有人在一件事情上付出了两个小时，我可以付出一年，只要我对它感兴趣。"

这就是勤奋的力量，做得好不是因为我比你聪明，而是我比你更认真，投入的精力更多。

我国著名的学者王亚南，也是一位这样的伟大人物。他小时候胸有大志，酷爱读书。他在读中学时，为了争取更多的时间读书，特意把自己睡的木板床的一条腿锯短半尺，成为三脚床。每天读到深夜，疲劳时上床去睡一觉后迷糊中一翻身，床向短腿方向倾斜过去，他一下子被惊醒过来，便立刻下床，伏案夜读。天天如此，从未间断。结果他年年都取得优异的成绩，被誉为班内的三杰之一。他由于少年时勤奋刻苦读书，后来终于实现了自己的抱负。

就像比丰说的："天才不是别的，而是辛劳和勤奋。"所谓的天才，他们区别于常人的不是智力，有时甚至也不是简单的努力，而是一种强烈的使命感：我一定做成某件事，比任何人做得都要好！这就像强迫症一样，不是吗？心中拥有不可抑制的执行力，为了实现目标，他愿意付出一切代价，用一生的时间去实践内心的想法。

这样的冲动，你有吗？我们不要以为天才是非常聪明的，因为天才往往不是那些最聪明的人，即便爱因斯坦。他们更多的只是由于自己倍加努力，后来居上，走在了最前面，所以才被人送上了天才的帽子。

所以，一个"天才"，他至少具有以下的特点：

1. 始终拥有一种使命感，并愿意为之无限努力；
2. 并不是最聪明的人，而且很可能"很笨"；
3. 常常生活在想象的世界里，但他们的想象非常现实，富有可行性；
4. 也许还非常非常地瘦，不具备养尊处优的条件；
5. 在常人看来，有点像疯子，因为他几乎没有业余时间。

对于所谓的天才来说，才华是他们最沉重的包袱，必须把它卸下来，也就是说，把它充分释放出来。从某种意义上说，只有勤奋才能最大限度地释放自己的才能。而且我们再次强调：天才往往不是那些最聪明的人。如同大自然本身一样，天才必有他的笨拙之处。他们拥有最接近自然本来面目的个性，正如同你们在街头见过的任何一个普通人，他们没有什么不同之处。比如那些在哲学史上最有创造力的天才，如柏拉图、康德，恰恰是自相矛盾的，他们的内心充满矛盾，身上具备很强烈的并不和谐统一的人格魅力，这都促进了他们的思考和行动，使他们迸发出异于常人的力量——其实每个人都可以做到，但只有他们做出最明智的选择和最坚定的执行。

一个有才华有活力的人，永远不会觉得自己找到了归宿，他永远在尝试，在探索。天才其实也缺乏自知之明，恰如庸人一样，不过其性质相反。庸人不知自己之短，天才却不知自己之长。这与我们在管理中面临的问题如出一辙：许多真正优秀的人经常怀疑自己的能力，不敢把它们表现出来；那些一无是处的人却经常喧宾夺主，以为自己对公司很重要；老板只有具备一双火眼金睛，才能从沙子和金子的混合物中精确地区分它们。

你还要知道，天才的骨子里都是有一点自卑的，成功的强者内心深处往往埋着一段屈辱的经历。这恰恰说明，他们成功的原因来自于自己不懈的超出常人的努力。有调查显示，超过半数的成功企业家，都有不幸或灰色的童年经历：苦难促成了他们无比坚韧的性格。

同时，羊性的成功者，也生活在一个观念和想象的世界里，在他们看来，这个世界更真实，更根本，但是它确实是脱离普通人的日常生活世界的。因此，他们需要付出更多，才能实现自己的理想和抱负。

人们眼中的"庸才"通常比天才耐久

曾国藩是中国历史上很有影响的人物之一，在《清史稿》中被誉为"中兴以来，一人而已"。然而他小时候却不怎么聪慧，天赋并不高。

有一天他在家读书，反复高声朗读一篇文章，也不知道读过多少遍，可读了很长时间依然还没有背下来。读着读着，一个贼偷偷潜伏在他的屋檐下，希望等读书人睡觉之后，可以入室行窃。可是这个贼站在屋檐下等啊等，就是不见他睡觉，只是听见他翻来覆去地读那篇文章。

这个贼等得实在不耐烦了，大怒着破门而入，指着曾国藩说："你这么笨的人，还读个什么书啊！"

说完之后，他就将那篇文章一字不漏地背诵了一遍，然后扬长而去！

这个贼不知道要比曾国藩聪明多少倍，可是他的一生，也只能是个籍籍无名的小贼。而曾国藩呢，后来却成为扶危救难的中兴名臣、海纳百川的一代儒宗，甚至连毛泽东也称其为自己一生最钦佩的人之一。

有一种观点认为，庸才是精神作坊里的工匠，只要他的体力许可，就总能不断地制作，最终达到一个很高的高度。而那些公认的创造的天才，他们的灵感好像是一次性的泉井，虽然喷发的时候势不可挡，蔚为壮观，但一旦枯竭，就彻底完了。

所以，我们会发现，一些被称为少年天才的人，他们只能经历一段尤为短暂的辉煌，随着年龄的增长，而他们又不够努力，就像冬天来临的草原狼一样，会无所作为，孤独而饥饿地行走在寒风之中。他在自己眼里成了一个彻头彻尾的废物。而他也的确是一个废物了。

不管是管理还是生活，经营一门生意还是与人相处，我们的智慧都依靠于创造，但是处世却要依靠我们的常识。有常识但是没有智慧，就可以是平庸。有智慧但是没有常识，这就是笨拙了。

为什么说庸才比天才更耐久呢？正因为他们自己觉察到智慧的缺乏，所以才不会像狼那样自命不凡，才像羊儿那般勤勤恳恳，不放过任何可以提升自己的机会。

羊性管理第 **7** 守则

低调的姿态：强者不需要强势

成为一个合格的倾听者

如果你是一个强者,身居高位,管理更多的资源,掌握一个团队,那么你更加需要学会倾听,因为听总是比说重要。

你是否这样问过自己:我怎样才能更有效率地倾听?当我聆听我的员工时,我真正在做的是什么?是否用心去理解他们内心的需求,并且第一时间找到了解决的方法?

很少有管理者可以满足这个条件,因为大多数老板都习惯坐在沙发上,跷着二郎腿,对下属的话漫不经心,爱理不理。他们只关心最重要的部分:我赚了多少钱,我是否要支出该死的不必要成本?他最不想听到的一句话就是让他低调,他会想:我是这里的主人,为什么我要低调?有些老板甚至会有一些报复的快意:在我白手起家的时候,受够了别人的白眼,现在,是我享受高高在上的感觉的时候了!

有效率的倾听:表达自己的思想和接受他人的观点

问题是,只有学会了倾听,而且是有效的倾听,管理者本人才能胜任自己的工作。特别是当你倾听时,你才有机会探究到对方的真实世界,这是我们了解他人的唯一途径。当你聆听别人的观点时,你应当认真仔细,不忽视任何一个字,并且不要妄下判断。如果你当时心里充斥着他们应该怎么做,及他们怎么不对之类的想法,那你就错过了领悟别人观点真谛的机会,很可能发生误解,导致组织的低效率,浪费无谓的成本。

当然,如果反过来讲,你的头脑总是时刻被他人的想法占据,你毫无保留地倾听,也会让你错过他们叙述的某一部分关键内容——也许这一部分信息才是最重要的，而你没有加以注意。关键就在于，我们需要保持一个开放的心态去听，并且抓住别人观点的本质：

1. 他想表达什么？核心问题在哪儿？

2. 有没有必须警惕的信息，比如下属的特殊目的？

3. 他是在拒绝还是愿意接受？有没有弦外之音？

管理者总需要从庞杂的信息中听出最要紧的东西。并且，我们在倾听了别人的意见之后，就可以拿来和自己的观点或者另外的一个观点做类似的比较。以这样的方法倾听，你就会立刻发现什么是不重要的，什么又是你没考虑到的，以及什么才是你关注的。

那么交谈的下一步该怎么做，你就会很清楚了：或者以提问的方式，或者做一个综述以理清思路，进行更深入的谈话，得到想要的东西。比如，你可能不是很了解他们所说的核心内容，所以你就可以请他们解释得更清楚一些，让真正的问题在你面前无所遁形。

我们可以假设，有一个团队成员小吴，她的脾气很直，一点都不善于社交，还经常因为心直口快得罪于你——她在上司面前表现得像个淘气的孩子。如果你的另一个团队成员小刘这时过来，对你说我不喜欢和小吴一起工作，你可能很容易推测出：哦，小刘是厌烦了小吴的心直口快。

我告诉你，你在做出这个推测的同时，很可能丢掉了一个很重要的了解事实真相的机会，因为你可能猜测错了。也许小刘并不是厌烦小吴的率直，也不是来告密的，如果是这样，你就误会了小刘，而且完全失去了指导他的机会。如果你的倾听是有效率的，能够判断他的真意，你就能解决真正的问题。但是反之，如果你认为他的汇报和小吴的脾气有关，你就会给他一些关于怎样对付小吴的直脾气的建议。这时，如果他愿意依照你说的去做，或者他完全没有检讨自己的行为，他就会越发觉得小吴的直脾气就是问题所在——他受到了你错误判断的诱导。

又或者，他一直按照你说的做但却感到不适应，因为你的指导方向是错误的。这样一来，让他提高自己的认识，自己想出解决办法的机会就彻底丧失了。在他们两个人眼中，你都不是一个称职的上司，因为你的倾听是失败的。

另一方面，即使你的猜测是对的，你又错过了让小刘理清自己想法的机会，因为你的方法不对，加上你在倾听时没有及时体会到他想要表达什么，所以你的迟疑可能让小刘感到担心，他会收回迈出的步伐，决定不再向你吐露他的想法。

这便是倾听的复杂性。对于上司来说，我们对于下属的感觉总是复杂的，理清这些感觉，对于更好地了解自己的想法非常有益。对于小刘来说，他复杂感觉的其他方面可能是解决问题的根源所在。但是如果没有这个谈话，你们谁都不会了解这一点。

由此可见，要使倾听富有效率，你必须做到两方面：

第一，充分让对方表达观点，并接受他的想法，使他在表达时没有顾虑。

第二，在倾听时，你还要完全表达出自己的思想，以求和对方达成统一，或者找出差别在哪里。

认真地倾听：同时提出高质量的问题

带着自己的思想进行倾听的另一个好处，是你会想到一连串的分析问题的另类途径，每一个又都对应着不同问题和不同的潜在解决方法。假如你真想解决这个问题的话，拿出认真的态度，同时你需要在倾听时，向对方提出高质量的问题。

小刘并不想对你讲明白原委，至少他不想说一些大白话，所以他对小吴的叙述中，隐含着更多可能的猜测，我们可以推测出小刘不喜欢和小吴一起工作，他很讨厌她，决定来找你摊牌，让你替他解决难题。

可是，问题真的如此吗？你还可以推测出什么？你相信认真地倾听有利于提出高质量的问题吗？中国的管理者很少注意这些技巧，但对一名羊性管理者来说，这样的智慧却尤其重要。

事实上，如果我们想验证自己在倾听时得出的这个假设，就必须尽最大的努力去倾听，敞开心扉，不带任何判断的因素，只带着我们的思路，去跟下属做完全放松、真诚的交流，直到找出最根本的原因，以免浪费这样的重要谈话。

那么，羊性管理者怎样做一个合格的倾听者呢？

第一：你需要值得被信赖。

做到被朋友、下属或者上司信赖，需要一个培养感情和建立长期互信的过程，总之，信任并不是突然产生的，一切尽在平时的积累之中。另外，交谈时你的态度也很重要，有时一个不专心的眼神就会出卖你。

第二：你要有应付突发事件的时间和能力。

倾听并不会完全按照你的设计进行，因为每个人的不快乐都是说发生就发生的，在意想不到的事情猛然发生的时候，你最好有时间拿出最快的应对方案，稳定交谈局势，让问题全都显露出来，这叫控制谈话的第一现场。

第三：你必须严守秘密并让人安心。

你倾听到的也许都是一些隐私、秘密或者对方不愿意让别人知道的事。就像办公室的关门谈话、职场的"秘密政治"，对方既然肯把这些告诉你，就是出于对你的信任。如果你不能替他保守秘密，那么你的一切良好形象都将毁于一旦，以后没有机会再进行重建。

第四：倾听者要有随和与温柔的性格。

有时候在我们倾听时，对方都处于最失落的时候，他最心烦意乱、了无头绪、心理防线最为单薄，来到这里，坐在你的对面，只是想寻求你的帮助，在你这里找一个风平浪静的港湾。所以，你一定不能比他更激动，你一定要冷静，平和地帮他分析，以及开导和劝解。当他告诉你一个震撼性消息时，假如你第一个跳起来，惊得嘴巴都合不上，那我相信，他一定狼狈而逃，夺门而出，再也不会找你进行倾诉。

第五：要学会如何倾倒情绪的垃圾。

倾听者听得越多，内心积累的坏情绪也就会越多。这些情绪垃圾，你一定要学会处理。即，你要帮助他将这些坏情绪倾倒出去，协助他倒完苦水，树立起健康积极的心态，让他的心情重新平复如初，不再心烦意乱。如果你不会这些技巧，或者不具备这样的态度与意识，最后你就彻底变成了一个废弃的垃圾桶。对方的坏情绪，也会极大地影响到你的"健康"。

其实，面对倾诉的下属、朋友或者其他人，我们要记住，你不一定非得一直说些安慰或者迎合对方的话——很多时候那并没有多大的意义，你只要认真地听着，让他感觉到你是真的在听他说，并且适当地做些表情，向他表示你一直在毫无保留地听，十分专注地承受着他的倾诉，这比你一直说安慰的话还要来得有效，而且会让你获得他极大的认同，解决他最需要解决的问题。

别得罪小人，不管你有多强

每个地方都有"小人"，不管是多讲究道德的地方也不例外，职场当然更多，就像我们用一面镜子照到的蚂蚁，随处可见。只要你不小心得罪他们，他们总会在你的背后跳出来。

小人是职场中山狼

我们很难给小人下一个准确的定义，尤其是那些职场小人，但是有一点可以确定：他们就是中山狼。你和这类人的关系如果处理不好，一定会吃不少亏。中山狼的脸上没有特别的样子，也没写上"小人"或者"狼"这样的字眼，而且有些小人甚至长得既帅又漂亮，有口才也有文才，在办公室，整天一副"天降大任"的样子，并且还都很聪明，必要时，他们也很善于演戏，极具欺骗性。

不过，只要你留心观察，中山狼还是会露出马脚来的。换言之，职场中山狼就是做事和做人不守正道，总喜欢以不正当的手段来达到他们的目的，所以，在固定的环境中，加以明确的参照物，他们的言行总是有迹可循：

1. 他们喜欢造谣生事。

小人的造谣生事一般都另有目的，因为说谎和造谣是小人的生存本能。另外，为了某种目的，他们也会挑拨朋友间、同事间的感情，制造他们的不和。然后他在一边看热闹，好从中取利。

2. 他们还喜欢拍马奉承。

这种人很容易因为受到上司的宠爱而趾高气扬，觉得自己很牛，仗势欺人，从而在上司的面前说别人的坏话。他只要一有机会就会抬高自己，顺便趁机压制别人。他们喜欢追随权力，巴结上司，攀龙附凤，而且谁得了势，他就依附谁，谁失了势，他就抛弃谁，这是小人的一大特点，也是狼性的一部分。小人最喜欢做的事情就是落井下石，只要有人跌了跤，他们会追上来再补一脚，在这种人眼里，看别人跌跤是一件最快乐的事。

万一不幸碰见了小人，你会如何呢？如果防范不当，损失立马就会出现，这是可以预见的，因为小人为利而来，无利不走，只要咬住你，不撕下一块肉，他是不会罢休的。

最重要的是，我们不要轻易地得罪他们。一般来说，小人比君子敏感，对外界的信息反应极快，他们的心里也较为自卑，因此你不要在言语上刺激他们，也不要在利益上得罪他们，否则那只会害了你自己。自古以来，君子常常斗不过小人，就像野狼总能吃掉几只善良的羊羔一样。加强防范，小心避让，才是最好的策略。

平时，千万别和小人过度地亲近，只需要保持淡淡的同事关系就可以了，但也不要太过于疏远，好像不把他们放在眼里似的，否则他们会这样想："你有什么了不起？""不答理我？是不是想整我呢？好吧，我先下手为强！"那么，你就要倒霉了。

所以和这些人说话时一定讲究技巧，多打哈哈，少谈正题。比如，我们可以多说些诸如"今天天气很好"的话，万不可涉及别人的隐私、某人的不是，或是发一些牢骚和不平。不然，这些话绝对会变成他们兴风作浪和整你时的绝佳资料。

我们也要尽量避免和小人有利益上的任何瓜葛，中山狼常成群结党，霸占利益，在公司形成势力，你千万不要想靠他们来获得利益，因为你一旦得到利益，他们必会要求相当的回报，甚至贴上你不放，想从你这里得到更多，到时你想脱身都不可能了！

当他们让你吃了亏时，如果是小亏，不妨当没发生，就此算了，因为就算你找他们算账，结果也只能是不但讨不到公道，反而会结下更大的仇。主动攻击小人的结果，往往是惹来他们大规模的报复。即使你很强，一般也很难招架，因为他们玩的是邪道，从不讲什么规则，也不讲什么道义，不按牌理出招，你会防不胜防！

不过，这样就能和中山狼相安无事了吗？没有人可以保证，但是我相信，可以把伤害减到最低。

谁也不愿意与小人打交道，可不管你愿意还是不愿意，谁都免不了触犯小人。因为那些埋伏在我们身边的小人，他们的眼睛会牢牢地盯着周围大大小小的利益，随时准备多捞一份，为此甚至不惜一切代价用各种手段来算计别人，令人防不胜防，说不定什么时候就会在背后给你一刀。

你要明白，小人通常是琢磨别人的专家。他们就像草原上的野狼一样，敢于为极小的恩怨付出一切代价。所以在待人处世中，君子如何与小人打交道，还真是一门大学问。如果你既不想把自己降低到与小人同等的地步，也不想与小人两败俱伤的话，就必须采取极为聪明的策略，尽量不与小人发生正面冲突。一句话：如果不是非有必要，那就别得罪小人。

有时候，我们不妨学习借鉴一下古人的智慧：

为唐帝国的中兴立下赫赫战功的唐朝名将郭子仪，不仅仅是在战场上战无不胜攻无不克的大英雄，而且在待人处世中，还是一个特别善于对付小人的高手。郭子仪与小人打交道的秘诀是什么呢？就是"宁得罪君子，不得罪小人"。

安史之乱平定后，他比原来更加小心。有一次，郭子仪正在生病，有一个叫卢杞的官员前来探望。此人正是历史上声名狼藉的奸诈小人，相貌奇丑，生就了一副铁青脸，脸形宽短，鼻子扁平，两个鼻孔朝天，眼睛小得出奇，当时的人都把他看成是一个活鬼。正因为如此，据说当时的妇女看到他都不免会掩口大笑，可见这个人长得有多丑。

郭子仪听到门人的报告，立即让身边的人避到一旁不要露面，他独自等待卢杞到来。卢杞走后，姬妾们回到病榻前问郭子仪："许多官员都来探望您的病，您从来不让我们躲避，为什么此人前来就让我们都躲起来呢?"郭子仪微笑着说:"你们见到他的相貌,万一忍不住失声发笑,那么他一定会心存忌恨,如果此人将来掌权,我们的家族就要遭殃了。"郭子仪对这个官员太了解了,在与他打交道时,对任何的细节都做到小心谨慎。后来,卢杞当了宰相,果然是极尽报复之能事,对所有以前得罪过他的人统统进行陷害,唯独对郭子仪比较尊重,没有动他一根毫毛。

这件事充分反映了郭子仪对待小人的办法之高明:我既然不给你留下把柄,你就很难找到机会放冷箭。所以,正像郭子仪的做法,我们在职场与小人打交道时,务必考虑周全,最好不要与他们发生正面冲突。论实力,小人并不强大。但他们会不择手段,什么卑鄙的招数都可能使出来。冲突起来,你纵使赢了,也会付出极大的代价,惨胜如败,说不定让第三者白白占了便宜。俗话说"新鞋不踩臭狗屎",还是躲为上策。

当然,中山狼随处可见,这种人常常是一个团体纷扰之所在,他们的造谣生事、挑拨离间、兴风作浪很让人讨厌,所以有些人对这种人不但敬而远之,甚至还抱着厌恶的态度。这种态度可以写在脸上吗?绝不能在言行举止中显露出来,否则你的正义不但无法解决问题,反而招来对方的打击。小人看你暴露了他的真面目,为了自保,为了掩饰,肯定会对你打击报复。也许你不怕他们的反击,也许他们也奈何不了你,但你要知道,小人是绝对不会善罢甘休的。你别说你不怕他们对你的攻击,看看历史的血迹吧,有几个忠臣抵挡得过奸臣的陷害?

坏人即使再坏,也是不愿意被人指认为"坏人"的,他们也想让别人赞美几句。如果你非要看不惯,揭开他们的面纱,故意让他们现出原形,使其难堪,这不是成心要让他们报复你吗?

君子坦荡荡,小人长戚戚。君子行事光明磊落,问心无愧,所以不怕流言蜚语。小人便不同，小人的真面目被你揭露，为了自保和掩饰，一定会打击报复你。也许你对此不屑，或者他们对你也无计可施，但是你要知道，自己在明处，小人在暗处，你随时都可能会受到他们的攻击。在中国历史上，忠臣往往被奸臣陷害。

因此，对于小人，心底清楚即可，大可不必与其一般见识。同时，也不要刻意与他们为敌，表面上和气为妙。

所有的人都知道，职场小人是成事不足、败事有余的。如果你这辈子叫小人盯上了，那么你的麻烦肯定就大了。中山狼没有什么事可做，因此他可以专心致志地琢磨你，并把这当做他的专业。为了保护自己的利益，我们必须小心谨慎，处理好与这类人的关系。

聪明羊如何处理和中山狼的关系

作为一只不想被中山狼伤害的职场羊，你需要把握以下的几个原则：

（1）不轻易得罪他们。不要在言语上刺激他们，也不要在利益上得罪他们，尤其不要为了暂时的"正义"而去揭发他们，那只会伤害了你自己。应该见机行事，最好联合多数，悄悄准备，在有把握的时候，将中山狼一举铲除。

（2）保持安全距离。别跟小人走得太近，保持淡淡的同事关系就可以了，但是，你也不要与他们太过于疏远，好像不把他们放在眼里似的。一个若即若离的安全距离尤为重要，以免让他们察觉你的提防心理。

（3）谨慎说话，小心做事。平时说话要注意，特别是在小人面前，尽量说套话，不要指点江山，尤其不要点评上司和老板，以免被他们听去，成为握在手中的把柄。

（4）与他们不要有任何的利益瓜葛。如果你的功夫还没练到家，千万不要想靠近他们来获得某些暂时的利益。中山狼从来不做亏本的买卖，你一旦从他们手中得到好处，会因此付出什么？从此你很难脱身了。

（5）平时吃些小亏没什么。在中山狼面前，小亏别计较，大亏记心里。因为形势不利于你时，你就是开战也讨不到便宜，反而搭上你这个正人君子。有时候，应该学会聪明地利用老板的力量，多去影响老板和上司对他们的看法，他们才是决定职场中山狼命运的胜负手！

领地守则：到位不要越位

别对自己的分外事指手画脚

这项原则对于管理者尤其重要。在足球场上，有到位和越位之说，踢球时你应当到位的时候，必须要到位，不该越位的时候，你一定不要越位。职场又何尝不是呢？我在工作中经常看到这样的人，他的主动性确实很高，积极性也很强，但就是分不清主次，不知自己的主要工作是什么，不该管的总是在乱管，手伸得太长，自己的分内事干不好，别人的活儿他却要插一手。

换句话说，就是该到位时不到位，不该越位时他总越位。不但自己工作没做好，反而扰乱了其他人和整个团队的工作秩序。

到位，首先要求你先把自己的分内事做好，这是一个人在职场立足的根本，因为有为才有位。你在自己的职位上什么作为都没有，那就谈不上到位了。到位要求四个"尽"字：尽心、尽力、尽职、尽责。只有这样，你才能在工作中有所建树。

分外的事不能做，当然也不是说绝对不能越位，对管理者而言，指导监督下属的工作时，如果发现不合理的事情或者紧急的要务需要插手，恰当的越位有时是一件好事，我们甚至应当鼓励合理越位。但是不恰当的越位却是对现有管理秩序的一种严重破坏。

比如，下面的两种情况就是绝对不能越位的：

第一，有人在做并且做得很到位。你越位去做，价值在什么地方呢？除了打击对方的自信，抢对方的功劳，什么积极的意义都没有。

第二，你现在的能力并不足以让你涉足这个领域。如果你越位插手的事情，不是你能把握的，那么你就不能靠职位权威去强行插手，否则你只会坏事，对团队利益产生更大的危害。只有那些是你专业的领域，在并不影响自己本身工作，而且该业务又需要你来插手时，你的越位行为才能得到允许。

需要强调的是，如果你单纯为了上位而去越位，为一己私利去插手他人的工作，这种行为是最让人鄙视的。

越位的原则：做事需要深藏不露

什么是中庸？中庸在管理上就是深藏不露，一碗水端平，不左不右，执于中端，平时绝不做胡乱插手的狼。这就像道家推崇的"无为而治"，看上去什么作为都没有，但没人敢轻视。要知道，扮猪是可以吃老虎的，扮羊也可以打败狼。真正的强者绝不会锋芒毕露，因为他们知道，人在暗处才有更大的自由。低调是成功的铺路石，把自己的实力隐藏起来，不动声色地发展壮大自己，当时机成熟、剑拔出鞘的时候，你将拥有整个世界。

睿智的人，从不轻易显露他的智慧；真正的武林高手，也从不轻易展示自己的武功。把自己的实力隐藏起来，不露声色，待时机成熟，再迅速出击，就会取得一击必杀的效果。

契斯特·洛兹是美国富商，他白手起家，靠着大老板贾奈的照顾，得以迅速地发展起来。但洛兹最终竟然把贾奈的工厂一口吞下，这就充分显示了一个高手深藏不露的本领。

洛兹最初的时候，只是一个卖袜子的小商贩，在经营的过程中，与一家大制袜厂的老板贾奈相识。后来他把小店转让，决定也开办一家制袜厂，就与贾奈协商，希望贾奈的销售网络能帮他销售产品。

这一下子触犯了贾奈的利益，很显然，贾奈并不乐意。如果说以前的关照是因为洛兹的小店可以帮他赢利的话，那今天洛兹已自立门户，就成了他的竞争对手。这事绝不能答应，贾奈不假思索就作出了决定。

但是洛兹没有放弃，他知道自己必须说服贾奈，于是轻描淡写地说，他的产品是微不足道的，最多只有贾奈的百分之一，不会对贾奈的生意造成冲击，而且这种状况也不会持续太长时间的，他的经营一旦走上了正轨，就会自己去销售的。

贾奈心软了，也就意味着他被忽悠了，他不仅同意洛兹的请求，还建议洛兹使用自己的商标。但洛兹却不愿意，他决心生产出更有竞争力的特色产品，以自己的商标来占据市场，为日后的发展打下基础。

袜子生产出来了，他又一次前去请贾奈帮忙。他拿出广告费，请贾奈帮他做一次广告，让世人知道贾奈将代销他的产品。贾奈帮人帮到底，又爽快地答应了。

于是，他的产品借着贾奈的声势，很快在市场上打开了销路。看到形势大好，他立刻与其他销售商进行广泛的联系，让自己的产品更快更广地抢占市场。一年之后，他又向银行贷了一大笔款子，把原来的规模扩大了三倍，生产能力和经济效益都得到了大幅度的提升。

与此同时，他又大胆地出击，果断吸收了几个小型的制袜厂，使自己的生产规模进一步扩大，市场份额越占越多。

这下贾奈可傻眼了，他的生意正逐渐萎缩，收益正不断下降，更令他气恼的是，洛兹吞并的小厂中，有几家原来是属于他的，现在却换了主人。贾奈怒发冲冠地前去质问洛兹，洛兹想起贾奈对自己的种种好处，自感惭愧，就作出了一个无奈的决定，从制袜业中退出来，转而去投产服装业。

缺少了强有力的竞争对手，贾奈本应顺势而为、大展宏图才对。但在市场中搏击一生的贾奈明显地老了，生产规模扩大得太快，他没有能力再重振雄风了，工厂的效益仍在继续下滑，迫不得已，他只好作出关闭公司的决定。

洛兹听说后，就专程前去拜访贾奈，提出自己愿意收购贾奈的公司，贾奈只好接受了这个严酷的现实。

说到深藏不露，洛兹就是。如果贾奈提早得知洛兹的做事目标，必定会对他严加防范，就是仅仅凭借在资金和技术上的优势，洛兹也会很快被击垮。聪明的洛兹对这一切思考得很清楚，他低调甚至自贬的行为方式，终于为他赢得了最后的胜利。

要沉得住气，喜怒不形于色，把自己的真实想法深深藏在心底，以一副恭顺的假象来蒙骗对手，以骗取对手的信任，再神不知鬼不觉地展开自己的行动，就能很轻易地实现自己的计划。

换句话说，我们即便越位，也需要一些聪明的手段。为什么不像羊一样潜伏起来呢？等到一切准备就绪，胜利已经十拿九稳之时，再把自己的真实能力展现出来。不鸣则已，一鸣惊人。

越位的底线：别做不该自己做的事

总有一些事是绝对不能越位的，也就是说，我们一旦越位，就会给自己带来难以预测的危险。比如子路的故事，就很说明问题。

子路是孔子的学生，他是一个非常豪爽和正直的人，曾经做过蒲这个地方的行政长官。有一年夏天，雨水很多，子路担心洪水暴发不能及时下泄，造成水患，就带领当地的民众疏浚河道，修理沟渠。他看到民众在夏天还要从事繁重的体力劳动，非常辛苦，就拿出自己的俸禄，给大家弄点吃的。

孔子听说了，赶紧派子贡去制止他，告诉他千万不要这么做。子路听了大为生气，怒气冲冲地去见孔子，说："我因为天降大雨，恐怕会有水灾，所以才搞这些水利工程；又看到他们非常劳苦，有的饥饿不堪，才给他们弄点粥喝。您让子贡制止我，那不是制止我做仁德的事情吗？您平时总是教我们仁啊仁的，现在却不让我实行，我再也不听您的了！"

孔子摇头说："为什么你不明白我的真意呢？子路啊，你要真是可怜老百姓，怕他们挨饿，为什么不禀告国君，用官府的粮食赈济他们呢？现在你把自己的粮食分给大家，不等于告诉大家，国君对百姓没有什么恩惠，而你自己却是一个大大的好人吗？你要是赶紧停止还来得及，要不然，一定会被国君治罪的！"

我们再看另一个故事：

朱元璋建立明朝以后，想要修建首都南京的城墙，但是得花不少钱，当时国库穷，朝廷没钱，江南的巨富沈万三主动来报效，承担了三分之一城墙的花费，同时还献给皇帝白金二千锭、黄金二百斤，花费巨资在南京城建了一些酒楼等。作为回报，朱元璋封了他的两个儿子为官。

修完城墙，沈万三又主动来献媚，希望能拿出些钱来，帮皇帝犒赏三军，朱元璋顿时大怒："一个匹夫，就想犒劳天下的军队，这不是乱民又是什么！"立刻命令将他抓起来，准备斩首。马皇后一听赶紧来劝谏："皇上啊，这样的不祥之民，自然会有上天惩罚他的，何必污了陛下您的手呢！"

朱元璋余怒未消，将沈万三发配云南，他的第二个女婿余十舍也被流放到了潮州。这还不算完。洪武十九年，沈万三的两个孙子沈至和沈庄又因为田赋坐了牢，沈庄当年就死在了牢中。到了洪武三十一年，沈万三的女婿顾学文被牵扯到了蓝玉谋反一案中，诏捕严讯，顾学文一家及沈家六口，包括沈万三的曾孙沈德全，近八十余人全都被凌迟处死，田地也尽数没收，被称作"财神爷"的一代巨商沈氏家族，就这样灰飞烟灭了。

为什么会出现这样的结局？子路和沈万三犯了同一个错误：越位，而且越得很严重，抢皇帝的活儿干。子路是幸运的，他有一个智慧的老师，及时制止了他，才没有铸成无法挽回的大错；而沈万三却无高人指点，栽在朱元璋的手里，结果就只能是家破人亡了。

越位的要害，其实并不在于一个人越出了自己的职权范围，而是看他是否侵犯了别人的领地。就像子路济民和沈万三犒军，问题不出在他们干了自己不该干的事，而出在他们做了本该由国君去干的事，抢了国君的风头，还想要命吗？所以这样的位绝不能越。与此相同的是，在公司，老板的活儿你能抢吗？抢了就要倒霉。一些小事、小活儿可以抢，可以越，比如同事的一些需要帮忙的私事、老板失误的补救，视具体的情况而定。这些事情你越了位，干砸了，最多落一个能力不行，让人笑话，不会伤筋动骨。可是你要是对自己的上司越俎代庖而且又干砸了，那么后果就是相当严重。

只做你可以胜任的工作

做不了事的，我们越了位也难以承担。所以，在该摇头的时候，你就别点头，遇到不懂的事，也千万别装懂。即便老板指定你去越一下位，你干不了的也不能硬着头皮去做，免得骑虎难下。

比如说：公司有一件特别棘手的事，原来的经理实在处理不了，弄成了乱摊子。小赵明知他自己胜任不了，老板问他行不行，可不可以接过来补救，他偏点头说行，揽到了自己的部门，不能胜任却非得去闯关，害得大家跟着一起倒霉，误了工期，活儿也完成得不好。

关键是，在老板眼中，小赵落下了一个很坏的印象。

所以，我们一定要做可以胜任的工作，只有这样才能降低自己的职业风险，在职场稳步前进，少淋雨，多享受春天的日光浴。就像羊儿一样，它从来不吃不确定安全区域的草。

★胜任才是硬道理：很多时候，我们做好分内事，远比超额地完成一些分外的事，更能让老板满意。因此，一只聪明的职场羊，千万不要执著于不适合你的工作。

★如何对待"不胜任"的下属？

1. 公正地对待你的下属

在评价一名下属是否胜任他的工作时，老板不能用任何私情去为他加分或者减分。这关系到组织的利益，并且老板的评价标准的影响是长远的。一旦你掺杂私情和个人好恶的成分，敏感的员工就会想：我只要讨得老板的喜欢，就可以了，不需要照顾公司的利益，是吗？你等于推倒了一副骨牌，会产生极坏的连锁反应。

2. 不胜任的员工会浪费资源

对于不胜任工作的人如何安排和处理，考验老板的管理能力。一切应该从公司的整体利益出发，必须马上做出调整，因为不胜任就意味着浪费资源，而且会有损效率。

3. 关注下属的成长潜力，将"不胜任"变成"可胜任"

培训是一个解决的好办法，假如该员工有成长潜力的话。老板可以提供充足的提升机会，帮助下属进行锻炼，这属于人才培养的范畴。事实上，效率和长远计划都是公司最需要的，但这需要对员工做出科学公正的评估，然后再作决定。

喜欢听相声的朋友，一定不会对郭德纲和岳云鹏这对师徒感到陌生。2005年，岳云鹏首次登台，和捧哏的孔云龙说一段《河南戏》，15分钟的作品，3分钟就下来了。当时有老相声演员向郭德纲建议辞退他，但郭德纲看出了这位徒弟的潜力，不但没有听从其他演员的劝告，反而更加细心栽培他。如今岳云鹏的相声水准已广泛得到同行和观众的认同和赞赏，成为德云社的顶梁柱之一。

让每个人都喜欢你？

一个再优秀的人，他也要跟同事搞好关系，他再强势也需要圆通的人际关系，而且这对于强势的人来说更加重要——别人会更加喜欢你，如果他们觉得你也喜欢他们。

在交谈时展示魅力

首先，你要运用你眼睛的魅力，显示出你在释放喜欢他们的表情。如果你想在别人眼中立刻变得可爱起来，你就必须大胆地和别人保持眼神的接触，以显示出你真正地对他们感兴趣。

其次，我们要对与他人的谈话有信心。就像《如何与人交谈》的作者朗兹说的，我们要做好足够的准备，哪怕在舌头上饰有"欢迎"或者"消失"字样的浮华门垫。即便是闲聊，我们也要定好调子，选好一个恰当的话题，将对方拉入自己的魅力吸引的范围。

最后，你永远要配合他们的调子来交谈。同时你要明白：在交谈中，最重要的不是我们说什么，而是我们怎么说。

不要试图一个人做好所有的事情

把事情做好的方法有很多，但首要的一条就是"不要试图把所有的事情都做好"；处理人际关系的准则也有很多，但最重要的一条是："不要试图让所有人都喜欢你。"因为这不可能，也没有必要。

有人问孔子："听说某人住在某地，他的邻里乡亲全都很喜欢他，你觉得这个人怎么样？"孔子却答道："这样固然很难得，但是在我看来，如果能让所有有德操的人都喜欢他，让所有道德低下的人都讨厌他，那才是真正的君子呢。"

孔子关于君子的具体标准，也许并不适合现代人，但有一种精神是很值得我们学习的——我们千万不要做滥好人，不要试图去赢得所有人的欣赏，按照自己的原则去做事情就好了，道不同不相为谋，不必强求将所有的事情都处理得面面俱到，让所有的人都买你的好。

美国前任国务卿鲍威尔这样总结自己的为人处世之道，显然与两千年前的孔子有异曲同工之妙："你不可能同时得到所有人的喜欢。"我认为这是极为明智的。如果你希望和每一个人都搞好关系，最后你付出了很多的时间去给别人帮忙，不欣赏你的人仍旧不欣赏你。我觉得一个人只要做到：有几个很好的朋友，大部分人都很欣赏你，很少或基本上没有人讨厌你，我们为人处世就算是很成功了。

我们不妨再把人性说得险恶一些。以前不知在哪里看到这么一句话，大概意思是这样："有些人是这样，你帮了他十次忙，九次成功了，有一次没帮好，他就记你这一次，你费了那么多力，最后还是得罪了他。"这句话也许有点恶毒，不过，这正是狼的特性。在我们的身边总是有这样的人，而且为数不少，你越是努力和他结交，努力给他帮忙，他越是不把你放在眼里。反之，如果你认真学习工作，在学习上在工作中做出成绩了，又不狂妄自大，自然能赢得别人的敬重了。

然而另一个事实是，即使你方方面面做得再完美无缺，也没有招惹任何人，仍然会有人看不惯你的。对于某些心胸比较狭隘的人来说，你不需要招惹他，你在某方面比他优秀的事实就已经在招惹他了。也许这样的人只是少数，但倾向于相信对某个优秀人物不利的传言，却是大多数人都有的阴暗心理。

这种情感几乎是不自觉的，比如在班上，有某一个同学的成绩一直和你差不多，某一次考试你考得差极了，于是在别人谈论他的时候，如果说你得知他也考得跟你一样差，你就会感到一种心理的安慰；而如果有人说他虽然考得不错，但却是靠作弊得来的，你虽然不至于去添油加醋或者四处宣传，甚至还会说一句"不会吧"，但在听到这个消息的时候，心理会完全不自觉地感到一阵满足。这就是人性。

我们并不需要认为一个人有这种"幸灾乐祸"的感受，就说明他在道德上有多么大的缺陷，它应该是一种正常人的正常的心理反应。但恰恰是这种心理反应，已经足够为流言飞语提供生存的沃土了。更何况还有很多不正常的心理存在，所以说别人坏话的人，总是能够找到知己的，就像中山狼总能在草原找到伙伴，然后臭味相投，结伴而行；而且在职场，各种无中生有或捕风捉影的谣言，总会有人来传播。

你明白了这个道理，就不会因为有少数的几个人说你的坏话而心有不安了。其实对你不满的人未必是坏人，也未必就是中山狼，他们只是不怎么欣赏你，而且他们多少有点爱搬弄点是非、说点闲话而已，是办公室的长舌妇，倒也不能说有什么大错。

反过来一想，我们想让所有的人都喜欢不容易，但想让所有的人都讨厌也很难。在职场，我们对于别人的批评，要虚心听取，有过则改之，无则加勉，但没有必要影响自己的心情；对于看不惯你的人，如果他发现了你的缺点，你应该勇于改正；如果是误会，你就应该解释。你的家人是爱你的，你也有那么几个互相欣赏互相尊重的朋友，做人无愧于心，又没有违法乱纪，这就够了。剩下的时间和精力，还是用来好好工作，因为提升自己的业绩才是职场生存的王道。如果你因为有某个人不喜欢你而大费周章，花了太多的时间，却没起到多少盼望中的效果，最后心情低落的仍旧是你自己，其实一点都不值得。

学会真诚地赞美他人

请记住，如果你突然发现了别人的某一些优点，那么不要犹豫，请立刻告诉他。因为没有比这个更能赢得别人的好感的了。

在人与人的交往中，适当地赞美对方，会让你迅速获得对方的好感。莎士比亚曾说："赞美是照在人心灵上的阳光。"心理学家威廉·杰尔士也说："人性最深切的需求就是渴望其他人的欣赏。"

正因为如此，赞美具有一种不可思议的推动力量。而当你赞美他人的时候，别人也就会在乎你存在的价值，你对他人的赞美也让你获得一种不容易获得的成就感。在由衷的赞美给对方带来愉快以及被肯定的满足的时候，你也十分难得地分享了一份喜悦和生活的乐趣。

当然，仅仅赞美还是不够的，你的赞美还必须是真诚的，就像善良的羊经常向我们展示的表情那样，而不是狼一样的假惺惺的伪善的笑容。如果你送上的是毫无根据的夸奖，只会让人觉得你在拍马屁或者说至少有什么不可告人的目的。而且，实际上，那些喜欢别人过分夸奖的人，也未必适合和他做朋友。只有当你真的发现了别人身上的某些优点的时候，你再把它直截了当地说出来。这种优点并不一定要惊天动地，一些细微处的赞赏可能更能感动别人。

比如，当你发现对方今天穿了一件很漂亮的衣服时，那就请立刻告诉她："你今天这身衣服真好看。"

英国著名的首相丘吉尔是这样告诉我们的："你想要其他人具有怎样的优点，你就要怎样地去赞美他。"反之，对于别人的缺点，你也应该学会用更加委婉的方式指出，使之听起来更像是赞美而不是直接的批评。渐渐地你就会发现，这种办法比你直接去责怪和埋怨有效得多。这样将会让你拥有越来越多的朋友，为自己的职场环境创造出一种宽松的气氛，也可为你的前途带来十分积极的影响。

羊性管理第 8 守则

危机感：把自己当成穷人

今天最重要

抓住现在才能改变命运,对于我们的现实来讲,回忆过去和展望未来都没有多大的作用——至少这不会比解决当前的问题来得重要。如果你总是把时间都浪费在"昨天"和"明天"上,最后你就会发现,其实你失去的每一个"今天",都将成为明天你挂在嘴边的灰色记忆。所以,过去的就让它过去,记住经验和教训就好了,不要在乎已经发生过的失败或痛苦。对未来也不要沉迷于无谓的空想,而是应该把更多的时间留给现在、今天。

有一个关于时间管理的比例调查告诉我们,3%是留给过去的,另有7%留给未来,其余的90%都要留给现在。重视现在,是强烈危机感的一种体现;也只有重视现在,我们才不会错过重要的机遇。

李嘉诚先生是香港首富,他曾经说过一段话:"互联网是一次新的商机,每一次新商机的到来,都会造就一批富翁;造就他们的原因是:当别人不理解他在做什么的时候,他理解他在做什么;当别人不明白他在做什么的时候,他明白他在做什么。当别人理解了,他富有了;当别人明白了,他成功了。"

我曾经在公司问过下属们一个问题:"谁知道,鱼为什么生活在狭小的鱼缸里,仍然摇头摆尾,十分快乐呢?"员工们面面相觑,不知道如何回答。

过了一会儿,终于有一名员工大胆地问我:"老板,原因是什么?"

我说:"原因就是,它的记忆只有七秒钟。"

因为鱼的记忆只有七秒,七秒过后,它们游过的每一寸地方又都变成新的天地和新的起点。在新的起点上，它们又重新拥有着新的梦想，这让它们永远保持新鲜、快乐与活力。因为它们总是可以从零开始，忘记不快，重新积攒它们的幸福体验。显然，我并没有对员工们拿出科学依据来做最细致的解释，因为这并不重要。我想说明的是，快乐和成功的秘诀在于：活在当下，把握今天。

应该如何理解"当下"？简单地说，"当下"指的就是现在，此时此刻我们的行为：现在正在做的事、所在的地方、现在与你一起工作和生活的人。这些难道不最重要吗？所以，活在当下，就是要你把关注的焦点集中在当前的这些人、事、物上面，全心全意地认真地去品味、投入和体验这一切。

有两个年轻人，他们从小就是穷鬼，由于贫穷，他们就从乡下来到城市寻找机会，历经艰苦奋斗，终于赚到了一笔不小的财富，成了有钱人。后来，因为年纪大了，他们就决定回乡下安享晚年。

但是在回家乡的小径上，他们突然碰到了一位白衣老头，拦住了他们的去路。这位老先生手上拿着一面铜锣，在那里专门等候他们的到来。

他们上前问老先生："你在这儿做什么？"老先生回答说："我是专门帮人敲最后一声铜锣的人，我发现你们两个都只剩下三天的生命了，到第三天黄昏时分，我就会拿着铜锣到你们家门口敲，只要你们一听到锣声，这辈子就算结束了。"话刚讲完，那个老先生就消失不见了。

这两个人听完老先生的话后都愣住了，心想，我好不容易在城市辛苦了那么多年，赚了这么多钱，要回来享福，结果却只剩下三天的时间可活。

之后，两人各自回到了家中。第一个有钱人从此不吃不喝，每天都愁眉不展，唉声叹气，不停地数他的财产，数了一遍又一遍。他心想："怎么办啊？我只剩下三天可活了！"他就这样垂头丧气、面如死灰的，没有心思做任何事，只是记得那个老先生要来敲铜锣。他就以这样的状态，一直等到了第三天的黄昏，整个人已经如同一只泄了气的皮球。

终于，那个老先生如约来了，拿着铜锣站在他的门外，"锵"地敲了一声。他一听到锣声，就立刻倒了下去，死了。为什么呢？因为，他一直在等着这一声，心理高度紧张，全身忐忑不安，已经到了神经崩断的地步。现在等到了，他也就吓死了！

而另外的一个有钱人呢？他又是如何度过这三天的呢？

他做出了另一个选择。自从上次回到家中后，第二个有钱人就想："太可惜了，我赚那么多的钱，却只剩下三天可活，我从小就离家，从没为家乡做过什么，我应该把这些钱拿出来，分给家乡所有苦难和需要帮助的人，也好在死的时候不留下任何遗憾。"于是，他把所有的钱分给穷苦的人，又铺路又造桥，给村子里的每户人家都买了不少礼物，分给了大家不少的钱。光是处理这些就让他忙得不得了，根本就不记得三天后的事了。

转眼间，第三天到了，这个有钱人刚刚把所有的财产都散光了，村民们非常感谢他，于是就请了锣鼓阵、歌仔戏、布袋戏到他家门口庆祝，场面异常热闹，舞龙舞狮，又是放鞭炮，又是放烟火。

到了黄昏时分，那位老先生同样依约出现了，在他家门外敲铜锣。老头"锵、锵、锵"地敲了好几声铜锣，可是大家全都没听到，这个有钱人同样也没听到。老先生怎么敲都没用，结果只好离开了。

这个有钱人过了好多天，才想起老人要来敲锣的事，他还正纳问："怎么老先生失约了？"其实，就算他听到老头的锣声，也死不了，因为他正忙着做事，而不是坐在那里担心自己什么时候死掉。

可见，一个人要想获得真正的成功，就应该让自己拥有故事中第二个有钱人一样的处世态度，努力让自己活在今天，活在当下。只有如此，他才能更好地把握住今天，为自己创造出更有价值的东西。

每天的清晨，我们都要告诉自己："看，今天又是崭新的一天，所有的一切都将有一个崭新的开始。"在这样的自我暗示之下，你的每一天都是自己崭新生命的开始，每一天都值得你去期待和奋斗。

也只有如此，你才能体验到最急迫的事情是什么，不会错过最需要做的工作，以免被追赶者从背后超越。

在犹太人中曾经有这样的一个传说：某位拉比（原指犹太人对师长的尊称，后指犹太教中学过《圣经》和《塔木德》，负责执行教规、律法并主持宗教仪式的人）不慎从一座摩天大楼的顶楼坠落，大楼里认识他的人从打开的窗户看到不断坠落的他时，都惊惶而关心地问："拉比，您还好吗？"不断往下坠落的拉比则轻松地回答说："到现在还很好。"他继续往下掉，每个楼层看到他的人都问他同样的问题，而他则继续回答："到现在还很好。"

很显然，他在努力体验每一秒的幸福，哪怕下一秒他就要变成一块肉饼了。即便他的结局无法避免死亡，但请相信，他在这个过程中也最大限度地挽留了人生的快乐。就如同禅师说的：当我们提起正念喝茶的时候，我们就是在练习回归当下，以便活在此时此地。当我们的身心完全安住当下时，热气腾腾的茶杯便会清晰地显现在我们面前，这时我们便真正地与这杯茶沟通了。只有在这种情形下,生命才真正地显现。

现在的生活中,许多人在吃饭的时候还在看书看报,思考问题,讨论工作,并且美其名曰"废寝忘食",他全然忽视了饭菜的美味;更有一些人,他们把吃饭的时间当成了相互抱怨和批判的机会,丈夫抱怨妻子的不贞,妻子抱怨丈夫的窝囊,父母批判孩子的成绩,孩子不满父母的无情。结果,本来其乐融融的一顿饭变成了无休无止的批斗会,哪里还有天伦之乐可言?

当你连最基本的天伦之乐都没办法保证时,你又怎能抓住其他更重要的成功?你会是一个能够捕捉商机的企业家吗,会是一个合格的管理者吗?能够带给下属足够的信任感吗?对此我很怀疑。

有些人做得更过分,他们甚至在睡觉的时候还在想着白天发生的那些不开心的事,谁得罪过我,谁欺负我了,以至于咬牙切齿,乃至于泣不成声。他在浪费宝贵的时间,自己跟自己过不去。

其实何必呢?当你在为失去昨天而哭泣的时候,你已经有了失去今天的危险;如果连今天都失去了,你能够把握的美好的明天又能在哪里?同样,如果你一直沉浸在对明天的憧憬里,也会失去今天行动的机会,进而让自己的明天成了"无根之木,无源之水"。

1. 最现实的选择:绝不拖延,立即行动
2. 明白一个道理:活在当下,做好当下的每件事
3. 做到今日事今日毕
4. 把握现在,才是成功的起点

但是生活中,总有一些人不脚踏实地,他们总爱做白日梦。

有一则故事讲的是一个农村小伙子,他在树荫底下打瞌睡,听到家里的母鸡下蛋之后的叫声,赶快跑了过来,往鸡窝里一看,哇!

这只老母鸡真够意思，一下子下了两个蛋。他兴奋地拿起两个鸡蛋，想：这两个蛋可不能吃掉，我要用这两个鸡蛋孵出两只小鸡，小鸡长大了可以下很多的鸡蛋，鸡蛋又可以孵出很多小鸡，小鸡长大又可以下很多鸡蛋，接下来，建立一个养鸡场，钱赚得多了，再建立一个肉类加工厂，不到五年，我就会成为远近闻名的养鸡大王，方圆十里那个最漂亮的阿娇不是不理我吗？到时候，她撵着追我还来不及呢！不行，不能跟阿娇结婚，我要找全县城最漂亮女人结婚，我要住上最大的房子，买最豪华的轿车，到大城市里享受花天酒地的生活。想着想着，他兴奋得手舞足蹈起来：真是美好的将来啊！

但是……啪嗒！他手里仅有的两个鸡蛋掉在了地上，一切都成了泡影。

这个例子非常形象，因为现在很多人都在拿着鸡蛋忘我地幻想未来的自己，但却很少有人能变成幻想中的那个伟大的"我"，因为他没有行动，只有幻想，丝毫没有危机感。他并不把自己当成"急需改变现状的穷人"，而是总在假设自己是"已经成功的富豪"，活在假象和梦境中。

同样，也有很多人，他们把大多数的时间都浪费在了对于未来的担忧和焦虑中。有工作的担心自己将来会不会失业，没工作的担心未来能不能找到好工作，没结婚的担心未来能否找到一个好伴侣，健康的忧虑未来得了病怎么办，有孩子的为自己孩子的将来担忧，有儿有老的又担心自己的父母身体，等等。

其实我们冷静地想一想，所有的这些担心、忧虑乃至焦虑，不仅于事无补，解决不了一点现实的问题，更重要的是它们会让人忧心忡忡、止步不敢向前，最后连仅有的可抓住的"今天"也丢失了。

还有一个故事，说有三个做雨衣生意的人，这一天，他们中间的两个愁眉不展，有一个人却突然喜上眉梢。有人就问第一个愁眉苦脸的人，他回答说："昨天的雨比今天大，雨衣卖了很多，我真希望今天与昨天一样。"第二个愁眉苦脸的人说："不知道明天下不下雨，如果不下雨，雨衣就卖不出去了。"

人们没有问第三个人，他们已经明白了为什么只有他如此高兴，因为今天下这么大的雨，他终于可以卖出更多的雨衣了！

这个故事体现出来的就是心态决定现在，也决定着我们的明天。一个很常见的例子是，那些得了绝症的人，他们最常问"我还能活多久？"或者后悔自己以前怎么不知道预防，恨自己浪费了太多宝贵的时间。一句话：他试图重回过去，制造一场时空穿越的奇迹。于是你就看到，这种对于过去的后悔和对将来的莫名担心，让他们身心疲惫，反而更加重了病情。他们不懂得珍惜生命的每一天，结果就是最后失去珍惜的机会。

要知道，发生变化的往往不是事物本身，而是我们做事的方式。有时候，现在和将来其实是不变的，如果你认为很多事情可以放在明天解决，从而对于现在和将来区别对待，对于今天得过且过，那么你失去的将不止是一些重要或不重要的机会，可能是你一生的命运！

每天都有危机感吗？

管理者的危机感是什么呢？他要比下属看得远。一个优秀的管理者，应该在"名利上要有满足感，能力上要有危机感"。对于虚荣心，他要尽可能地消除那些对于自己的消极影响，而在具体的事务上，他要时刻感受到自己的不足，做到未雨绸缪。

要知道，当你在懒惰地过日子时，也许一种危机已经在悄悄地靠近你。这种危机不是别人造成的，而是你自己造成的，就是因为本该今天做完的事情，你偏偏拖到明天，而且总是拖到明天。

美国康奈尔大学曾经做过一个有名的"青蛙试验"。试验人员把一只健壮的青蛙投入热水锅中，青蛙马上就感到了危险，拼命一纵便跳出了锅子。试验人员又把该青蛙投入冷水锅中，然后开始慢慢加热水锅。开始时，青蛙自然优哉游哉，毫无戒备。一段时间以后，锅里水的温度逐渐升高，而青蛙在缓慢的变化中却没有感受到危险，最后，一只活蹦乱跳的健壮的青蛙竟活活地给煮死了。

就像这个实验一样，原因就是这么简单，本该兑现的承诺，你假装忘记了，或者根本不予兑现，像是身处温水。那么你的危机也将会在这时候到来，这种危机是信任危机。你的下属不再拿你当崇拜的榜样，而是视作失信的小人；客户不再认同你的诚信度，他们把你定义为骗子。老板呢？他会判断你完全不具备带领一个部门成功发展壮大的能力。

当发生信任危机时，如果你还在为自己耍弄别人而得意，就会发现你的朋友已经渐渐地离你而去了。这时你再想拼命挽回，一切都已经太迟，因为没有后悔药可吃。你从一只诚信羊变成了一条只有孤独做伴的被时间抛弃的草原狼。

在一种缓慢渐变的环境中，即使你已经很成功，已经很强大了，但如果不能保持清醒的头脑和敏锐的感知力，且对新变化做出快速的反应，而是贪图享受，安逸于成功的现状，那么当你感觉到环境的变化已经使得自己不得不有所行动时，你也许会发现，行动的最佳时机早已经错过了。当危机发生时，你用来补救的所有行动只能是徒劳，等待你的只是悲哀、遗憾和无法估计的损失。

所以，我们要时刻保持警惕，内心充满危机感，时刻提醒和反省自己：我在哪方面做得不够好，我还有什么事情今天应该完成，却还没有完成，原因是什么？

只有及时察觉自己的不足，才能发现潜在的危机。

沈源福是一位地道的农民企业家，他做过村长，办过汽车修理厂、砖瓦厂。与省内的一些私营企业相比，沈源福的公司显然还很年轻。从2002年10月开始创建，2003年9月开始投产，不过短短的4年时间，这个才新生的企业，每年以60%的速度高速增长，到2007年已经拥有了德国进口的13条流水线，生产家纺、服装、床上用品、鞋帽面料、超柔短毛绒等产品，年生产面料1200万米，年营业额超过了一亿元。他的产品远销美国、德国、法国、日本、俄罗斯以及东南亚各国。

公司能够得到如此高速的发展，与沈源福极其重视危机文化有关。他是一个有着强烈的危机感的人，尽管企业已经走上了正轨，沈源福还是坚持着他20多年来的好习惯，每天早上7：30上班，晚上6：30下班，每天工作12个小时。他全年休息时间加起来也不过一个星期。五一节，员工都休息了，他还天天待在厂里。

沈源福把这种危机意识带给了企业的职工，他怎么做的呢？根据贡献的大小，他把职工分成A类、B类和C类，用三类分法进行评估。

A类职工属于重点培养型，十分优秀；

B类职工属于中庸型，不好不坏；

C 类职工属于淘汰型，证明能力不堪用，不符合企业的要求。

对于一线职工产量最高的前三名以及营销人员销售最高的前三名，他会挂画出来进行表彰。用这个办法，他让职工产生了强烈的荣誉感和危机感，每个人都生怕被淘汰，工作卖命，积极进步，形成了一种积极进取的企业氛围。

有人对他说："老沈，何必这么拼命呢，你现在的身家也不菲了，该享受生活了。"他摇摇头，理由是什么呢？他说，在浙江每一年都有很多的私营企业倒闭，即使做得很大的企业也可能在一夜间就倒闭了。因此做企业，就一定要绷紧神经，一刻都不能放松。否则，危机一来，立马垮掉，就会败在自己缺乏警觉性的坏习惯上。挣了点钱就想混日子，没有长远计划，对企业没有危机感，这就是一种非常消极的暴发户心态。

沈源福还针对自己做了一个 20 年的计划，他决心到 2027 年，企业营业额达到 20 亿元。这两年来，他的公司正以每年 60% 的速度增长，可以说进步神速。他说，因为企业从无到有增长会快一些，从 2008 年开始增长速度就会放缓一些了，他的预期是每年增长 20%，这就比较正常。

如果没有强烈的危机意识，并把它建设为企业的文化，沈源福的公司可能早就和他那些同行一样，或者倒闭，或者陷入了困境。一个优秀的管理者，他的危机意识，其实就是企业的前进动力，也是组织的活力所在。

在 500 强中长期站住脚的企业，则对危机意识有着另一种认识。百事可乐公司的负责人韦瑟鲁普在公司蒸蒸日上的时候，反而提出了"末日管理"理论，他经常以大量令人信服的信息让员工体会到危机真的会来临，"末日"似乎不远，以此激发员工不断积极向上的斗志，并要求公司的年增长率必须保持在15%以上。近几年百事可乐快速追赶并超过可口可乐的业绩充分说明了"末日理论"的实用性。比尔·盖茨同样是个危机感很强的人。当微软利润增长超过20%的时候，他强调利润可能会下降；当利润增长达到22%时，他还是说会下降；到了今天的水平，他仍然说会下降。他认为这种危机意识是微软发展的原动力。微软著名的口号"不论你的产品多棒，你距离失败永远只有18个月"，正是这种危机意识的体现。

日本永旺株式会社名誉会长冈田卓也，已经创业达64年。64年来，冈田卓也将家族200年的小店办成了亚洲最大的超市零售企业，他的综合百货超市和食品超市已经达到1832家，并跻身世界500强排名第140位。从一个日本小店的老板，成为亚洲超市之王，冈田卓也将这一切归功于一句家训——给顶梁柱装上车轮；64年创业，冈田卓也数易公司名称，击败竞争对手，全因一句危言——企业的寿命只有30年。

一位已经创业64年的成功企业家却将企业寿命限定在30年，这种危机感是否过于强烈？

按照冈田卓也的理解，30年里，社会经济足够发生天翻地覆的变化，企业若不能不断保持这种紧张感，若不能通过变革来适应这样的时代变化，则企业发展得越大，就越会安于现状，进而变得保守，以至于毫无进取之心，就不能永续经营，也就不能发展。

把企业的寿命限定在了区区的30年，这不仅仅是冈田卓也的一句口号、一个观点，这位个头不高，外表看似柔弱的老人还把这个理念雷厉风行地落实在行动上。他不仅是这样认为，同时也是这样做的。

2001年，在他的集团公司"佳世客"成立30年之后，冈田卓也坚决地把公司的名称从"佳世客"改成了"永旺"。他想从改名字开始，给公司一个脱胎换骨的机会。而在企业发展30年这个时间节点上，冈田卓也将自己的身份做了改变，辞去永旺株式会社会长的职务，退出经营第一线，专心致力于植树造林。其实，在企业发展到30年的时候，无论是改公司的名称，还是由企业经营者变身植树老人，冈田卓也最大的目的就是给自己的企业一个信号，强化公司内部的危机感——如果企业到了30年还不变革，就必然会出现问题。这种危机意识不仅仅体现在对自己企业内部的经营上，有时，这种危机感还来自企业外部，就在他退休的几年之前，日本另外一家大型零售企业的倒闭，同样让他产生了深深的危机感。

日本大型零售企业八佰伴在创始人和田加津女士和长子和田一夫的苦心经营下，由一个地方的蔬菜水果杂货店，发展成了年销售额达到5000亿日元的国际流通集团公司。可是，在1997年，由于过度扩张，八佰伴最终以负债1613亿日元而宣布破产。

八佰伴和冈田卓也的永旺，肯定是竞争对手，因为两家企业都是零售企业，都在海外扩张，按理说，同行是冤家，八佰伴的倒闭对冈田卓也来说应该是件好事。可是面对八佰伴的破产，冈田卓也却产生了强烈的危机感。

八佰伴在日本并不是很大的超市，但是在中国和东南亚却非常出名，甚至被误以为是日本流通业的首位企业，如果八佰伴因为倒闭而消失，将很有可能让日本的流通业在国外的威信扫地。对于当时正积极拓展海外市场的冈田卓也来说，这很有可能产生极大的负面影响。

正是这种深深的危机感，让冈田卓也决定，一定要收购八佰伴这只垂死的大象，只有收购，才能重新树立起日本流通业的威信，也才能让自己的超市在中国和东南亚的市场更好地拓展。

1997年，冈田卓也毅然收购了八佰伴，在短短几年之内，让八佰伴以东海公司的身份获得重生，并于2004年7月在东京证券交易所二板重新上市。

上世纪50年代末期，在美国的汽车制造商身上曾经发生过一次温水煮青蛙似的失败案例。当时，在底特律的汽车制造商眼中，买外国车的只不过是一些爱表现的名校大学生而已。因而，美国的汽车制造商们依旧闭门造车，轻视外国车的设计、制造品质以及对消费者的吸引力。而这时他们的竞争对手，却通过自己的创新，不断壮大，开创了汽车行业的新格局。为此底特律丧失了汽车业的盟主宝座。现在看来，当时美国汽车工业的命运和温水中的青蛙没有什么两样。

显然，在这些沉重的危机感的驱使下，我们每个人都要积极一点，不管你是老板还是员工，都要做一个勤快的人，提高工作的效率，把握自己生命中的每一分钟。因为外界的危机并不是最可怕的，可怕的是我们对于危机的麻木不仁和茫然无知。这样，我们会在已经开始走下坡路的时候还陶醉于以往的一点点成绩，当危机临头时已丧失了对抗风险的能力。

同时，我们还要信守承诺，做一个说到做到、绝无二话的人。你要知道，以诚待人，对方才能真诚待你。真诚地对待危机，危机才有解决的可能性。

失败的时候放声大笑

"你通常怎样面对失败?"

这是我在公司的情商管理培训课上经常讲到的一个问题。什么样的人是一个合格的管理者,或者说管理者有哪些必备的基本素质?不管你是在进行自我管理,抑或是参与企业的管理,对于失败的态度以及其后的反应和后续行为,都是一项重要的标准,是我们对于管理者必须进行考察的,因为它非常关键。

失败了,真的没什么;如果没有失败,人生的体验也就失去了意义。十几年来,我最大的总结就是这句话。没有谁是可以永久成功、战无不胜的,他早晚要遇到挫折和打击,这是人生的一部分。一切都没了,也不过是从头开始,没得到什么,也没失去什么。

对于职场中的失败而言,你只要别让那些坏情绪充斥了办公室,影响公司团队的氛围,严重打击接下来做事的积极性,你失去的就只有灰色的过去,而你的今天和明天都还是充满希望和阳光的。因为坏情绪对办公室、对团队的影响是非常消极的,它会让人变丑,更会让团队的氛围变成灰色甚至是黑色。

对此,我的主张就是:"失败了,笑一笑,昂首挺胸;成功了,笑一笑,勇往直前!"对于一个人来说,陷在失败中出不来,才是最可怕的灾难。

羊从来不会悲伤太久,你可以说它健忘,但却是一种难得的优点,它永远重视现在和将来,态度非常务实。也只有这样的乐观和无所畏惧,才能帮助羊成功地生存下来,每天都活得快乐。

对于职业经理人而言，通常，加强自己的自控能力更显重要。但是什么叫自控？

★自控是一种自我管理行为：它是抑制自己的感情和情绪，控制自己的行为，使自己以最合理的方式行动。自控的反面当然是失控，比如感情冲动、表情异常、言行出格、一反常态，以及平时我们所说的魂不守舍等种种行为。需要注意的是，自控并不等于凡事无动于衷，而是经由良好训练产生的理性控制行为，属于情绪管理的范畴。

所以，良好的自控能力对管理者来说，是一项重要的意志品质，它是衡量管理者的涵养气度的尺度。

高级管理者的自控包括哪些方面？

首先，在危机时刻或关键时刻，他必须保持冷静。

这种时刻经常可以锻炼人，也往往可以毁灭人。而且如果不能保持冷静，不但毁掉自己，还会毁掉整个团队。

著名的秦池集团就是一个很典型的反面例子。1995年底，秦池集团以6666万元的最高价击败众多对手，勇夺CCTV广告标王。经过新闻界的一再炒作，秦池酒一夜之间在白酒如林的中国市场成了名牌。到了1996年底，秦池的管理层犯了严重错误，在集团发展的关键时期，他们没有意识到自己的生产能力尚不能满足当时的销售市场，反而以3.2亿元的天价卫冕标王，导致集团的资金链断裂，最终导致整个集团公司毁灭性的崩溃。

责任在谁呢？秦池集团的管理者显然难以推卸责任。当时的处境正是需要他们冷静审视的时候，如果他们镇定自若、沉着应对，理性地分析集团面临的形势，稳住阵脚，掌握时机，保持主动，制定正确的发展策略，也就不会有后来的悲剧出现了。一个决策失误，说明当时的秦池集团的管理层在自控方面是失控的，这第一条他们就不合格，终于让局面变得不可收拾。

其次，他不会被团队的内耗所干扰。

对管理者来说，团队的内耗是最令人头痛的工作之一。有些管理者不得不把相当多的时间和精力，都浪费在处理和应付复杂的内部关系上，左支右绌，难以兼顾，甚至有些领导还会被闲言碎语所左右，被内耗"耗"得心灰意冷，结果失去了工作的进取心，拿不出足够的精力去处理最重要的事情。

内耗是很常见的一种职场现象，而且大多是由一些无关大局、摆不到桌面上的无原则纠纷引发的，是内部的利益分配问题。这类事情既要通过正常的组织途径来解决，更主要的是当事人特别是管理者要善于自控和进行调控，包括正确对待围绕管理者个人的某些偏见和流言飞语，甚至于背后的挑拨离间与人身攻击等，这非常考验管理者的根本能力。

再次，他要尽快摆脱坏情绪，第一个镇定冷静下来。

坏情绪出现时，管理者要善于控制和调节自己，不要被这种突如其来的坏情绪长时间地支配身心。如果一个人总是悲观、焦虑、郁闷，或者牢骚满腹、怨天尤人，不但会贻误工作，损害公司形象，对于整个团队的利益也是一种巨大的伤害。

此外，他的心态要积极乐观，在下属面前起到示范和榜样作用。

关于心态，美国总统林肯的一则故事很有代表性。1832年，林肯失业了。尽管他很伤心，但他下决心要当政治家，当州议员，不过他又失败了，堪称当时间隔时间最短的倒霉蛋。在一年里遭受两次打击，这对他来说无疑是痛苦的。于是他又着手自己开办企业，可一年不到，这家企业也倒闭。在以后的17年间，他不得不为偿还企业倒闭时所欠下的债务而到处奔波，历尽磨难。可在他离结婚还差几个月的时候，未婚妻又不幸去世。

企业倒闭，爱人去世，竞选落败，这些打击都没有动摇林肯积极的人生心态，他还是继续追逐自己的目标。1846年，他又一次参加竞选国会议员，最后终于当选。两年任期很快过去了，他决定要争取连任。他认为自己作为国会议员表现是很出色的，相信选民会继续选举他。但结果很遗憾，他落选了。因为这次落选，他还赔了一大笔钱。

于是，他又申请当本地的土地官员。但州政府把他的申请退了回来，上面指出："做本州的土地官员要求有卓越的才能和超强的智力，你的申请未能满足这些要求。"在这种情况下，他还是没有服输，一直没有放弃自己的追求，到了1860年，他终于成功地当选为美国总统。

他的经历就在启示我们：一个人面对困难绝不能退却，也不能逃跑，不管失败多少次，只要坚持和奋斗，沿着正确的方向不停地努力，就一定会有成功的可能。

中国明代著名的哲学家和思想家王阳明，提出过一个"心外无物"的有名论证，意思是说，我们对于外部的事物持有什么样的心态，就会得出什么样的结论。

你积极地看待世界，世界就是积极的；你消极地看待失败，那么同样，你的人生就是失败的。

心理学家的研究表明，情绪对于人的能量消耗特别大，很多癌症患者就是因为长期积累的怨恨、压抑情绪得不到发泄，才因此身患绝症。由此可见，我们对自己的情绪进行管理非常必要，特别是在遇到困难和遭遇失败以后，及时地疏导和调整，对我们尽快走出阴影，再一次站起来并努力下一次做得更好，起的作用是非常巨大的。

在公司，我就经常对员工实施情绪和压力管理，帮助缓解员工的内部矛盾，协调各部门与上、下层之间的关系。同时我还要求公司的管理人员必须抓住机会帮助员工调节自我心态，改善情绪，使他们总能以最健康的心理状态来面对工作。

首先，情绪是什么呢？

情绪就是人的内在感觉，它是外来诱因影响到主体信念系统（即信念、价值观、行为导向），通过主体的判断所表现出来的正面或负面的精神状态。外来诱因受发生时间、地点及判断主体的不同影响，表现出来的情绪与精神状态也会大相径庭；而主体判断和表现感觉的抉择，则是与个人成长的家庭环境、社会环境与受教育程度紧密相连的，并不能一概而论。

其次，对于情绪的管理，我们可以从以下三个方面进行提升：

★外力式—释放：音乐、舞蹈、体育运动、吼叫式发泄、专家咨询、静坐与睡眠等方法，都可以对我们的情绪进行合理的转换和释放。

★内力式—自我提升：可以借由情绪的定位、表达、自我情绪的干预以及运用积极潜意识的力量等方法来疏解压力，调节内在的不良情绪。

★药力式—医治：催眠、药物和其他保健医疗手段，亦可以帮助我们缓解和疏导较为严重的情绪波动。

运用积极潜意识的力量，是自我情绪管理的极为重要的方法。特别是当我们没有做成一件事，挫败感非常强烈的时候，自我的积极暗示，要比外在的劝说和鼓励有效得多。

比如，我们不仅可以放声大笑，告诉自己这没什么，还可以不断地在内心提示自己：我已经做得相当棒了，比起某某某，我至少是因为公司资金实力不足，才丢掉这个项目的，那个人纯粹是因为自己的能力问题；别人都要失败四五次才能做好这件事，我这才第一次失败，还早着呢！干吗伤心呢，我应该乐观才是！

这其中，情绪选择的问题也很重要，因为人们的内心都有自信与不自信的两个空间。比方说，我们在跟小孩或下属讲话时，一般是不紧张的，我们选择了自信的空间；而跟身份地位比较高的人讲话时，比如在老板面前，我们就有可能会紧张，这就是我们选择了不自信的空间。同样，对于同一件事情的态度，我们也有乐意和不乐意、积极和消极的两个空间，这时就产生了情绪选择的问题。由于情绪的产生是依靠主体的判断标准进行识别的，标准是由个人来掌控的，所以，情绪也可以通过此过程，由我们个人来进行选择。一个优秀的情绪管理者，他经常可以在很短的时间内做出正确的情绪选择。

那么，既然情绪总是依靠自我的标准进行判断，由我们自己来选择，当我们可以选择更乐观和更开放的情绪时，我们何乐而不为呢？如果你总能做到选择积极的情绪，再大的失败，也不会影响到你乐观的心态。

在自我的情绪管理中，我们如何做才能尽可能避免出现消极和悲观的情绪？我给出十八条建议，读者可以把这些方法灵活运用到自己的工作和生活中去。

1. 不要关注与同事或上司之间的过节；
2. 相信每一个人都希望事情变得更好，而不是从中作梗；
3. 不要强化对缺点的印象，包括对你自己和别人；
4. 不要随便显露你的情绪，做到心静如水；
5. 困难与遭遇不要到处去讲；

6. 唠叨你的不满是最差的选择,赶紧停下;

7. 多记下快乐,不要去写伤感日记;

8. 说话时不要慌乱,走路时要稳;

9. 做任何事情都有条不紊,而且最好有计划;

10. 用心去做任何事情,因为一定有人在关注你;

11. 说话时自信,多用积极的词汇;

12. 别轻易推翻决定的事,除非理由特别充分;

13. 每天要做一件有实质进步的实事;

14. 发现事情不顺时,深呼吸,不要叹气;

15. 不要刻意地把朋友变成对手,因为是朋友还是对手,通常由你决定;

16. 不要斤斤计较别人的小错误;

17. 不要有偏见和傲慢,对任何人都如此;

18. 做不到的事情不要许诺,说了就要努力去做到。

不抱怨你才能脱颖而出

我刚开始办公司,甚至我初为成功者打杂时,每天最大的感受就是:我始终要与内心愤愤不平的情绪作战。我付出了这么多,可世界回报给我的却是如此之少!老板太抠门了,他怎么就不体谅我的心情呢?客户太差劲了,他真是唯利是图!没有一个人真正理解我的想法,让人气愤!每个人都会有这种情绪,先是抱怨,继而愤怒,然后就会表现出狼的一面,发动失去理性的反击。

具体体现在:

★当对上司不满时，有的人会去找他谈话，摊牌，索要更多的回报，有的则会辞职，甚至会发脾气，在上司眼中成为一个不服从乃至要求太多而且不愿意思考的下属。

★当对老板不满时，拒绝为其服务，甚至故意把事情搞砸，让公司蒙受损失。

★当对同事不满时，背后下刀子，给他制造麻烦，抓住对方的把柄，去向上司告状，达到目的。

★但是最坏的情况往往是：我们什么都做不成，只是不停地唠叨，而且是一个人的时候自怨自艾，既影响了自己的心情，又让工作和生活更加不顺利。于是，抱怨最大的价值就在于，我们失去的更多了！

不客气地说，当你看不到将来时，你就把握不住现在，而且会失去评价现在的正确标准。比如，你因为不确定将来能够得到什么，于是会对今天的某些付出感到不理解和不可接受。所以，抱怨就产生了。

一只成功的职场羊，他需要任劳任怨、不计较得失，才会受到公司的器重。一个事业上的成功人士，他要学会不抱怨、多检讨，才能以最快的速度解决发生的问题，从问题堆里站出来，迅速走到最前面去，从而将抱怨者甩在后面。

主动找到方法，才能让自己突出重围

我们经常见到的常常是两种人：第一种人，他们碰见困难就避而远之，跑得无影无踪，既不想解决，也幻想着今后不会再遇到这种类似的麻烦；第二种人，困难来了，他们毫不退缩，也不抱怨，而是迎难而上，主动寻求解决的方法，为老板分忧，为自己解困。

可以说，只有主动寻找方法去解决问题，才是羊文化应该有的态度。抱怨，只能让你陷入一种无法摆脱的职场迷局。

我们来看一个例子：

福特汽车公司是美国创立最早、最大的汽车公司之一。1956年，该公司推出了一款新车。尽管这款汽车式样、功能都很好，价格也不高，但奇怪的是，竟然销路平平，和公司预期的情况完全相反。

公司的高层急得像热锅上的蚂蚁，但绞尽脑汁也找不到适合这款产品的销售方法。这时，在福特公司里，有一位刚刚毕业的大学生对这个问题产生了浓厚的兴趣，他的名字叫做艾柯卡。

艾柯卡年纪轻轻，工作经验并不多，他这时只是福特汽车公司的一位见习工程师，本来与汽车的销售工作并没有直接关系的。但是，公司上下都在为这款汽车的滞销而着急，这引起他的关注。

问题出在哪儿？我能不能找到办法？他开始不停地琢磨：究竟用什么方法才能让这款汽车畅销起来呢？终于有一天，他大脑灵光一闪，有主意了！于是他径直来到总经理办公室，向总经理提出了他苦思得出的一个方案："我们应该在报纸上登广告，内容为花56元买一辆56型福特。"

这个创意的具体做法是：谁想买一辆1956年生产的福特汽车，只须先付20%的货款，余下的部分可按照每月付56美元的办法支付，直到全部付清。

这个建议最终被福特公司的高层采纳，"花56元买一辆56型福特"的广告引起了人们极大的兴趣。"花56元买一辆56型福特"，不但打消了很多人对于车价的顾虑，还给人们留下了"每个月才花56元就可以买辆车，实在是太划算了"的印象。

问题不但得以解决，而且一个销售奇迹就因为这样一句简单的广告而产生了：短短的三个月，该款汽车在费城地区的销售量从原来的末位一跃成为冠军。而这位年轻的工程师也很快受到了公司的赏识，总部将他调到华盛顿，并委任他为地区经理。

后来，艾柯卡不断地根据公司的发展趋势，推出了一系列富有创意的方法，最终在同事中脱颖而出。这件事情对他的命运产生了一系列的连锁反应，其中最直接的结果就是：他最后坐上了福特公司总裁的宝座。

我们可以想象一下另一种截然不同的选择：当问题出现时，艾柯卡什么都没做，认定这是大麻烦，然后悄悄躲开了。他和那些专注地抱怨的人一样，不想让自己的工作和生活出现任何波澜，一旦有变化，就焦躁不安，好像世界末日到来一样。

那样的一个艾柯卡，人生将肯定会是另一种走向。他也许会一直平庸下去，没有重要的机会，也不会遇到太大的挫折，找一份平稳的工作，薪水足够他支撑一个中产之家，然后他结婚，生子，度过没什么稀奇的一生。

当问题到来时，只是"主动向前"和"主动退后"的两种选择，产生的后果就有如此悬殊的差异！

艾柯卡的这个例子说明什么？说明了一个我们在工作中经常面临的非常简单的问题：只有为公司分忧解难才是真理，一味地抱怨，不如主动想办法；忙着找借口，不如忙着解决问题。

我见过很多员工，其中甚至有比较高阶的管理者，他们抱怨日复一日的重复工作，让他失去了向上的动力；抱怨他干劲十足却看不到相应的业绩；抱怨他兢兢业业，个人能力却总是得不到提升……抱怨到最后，时间没了，问题剩下一大堆。

倒霉的是谁？一定还是他自己。因为老板是从来不会对员工的抱怨负责任的，老板只有一个终极的解决方法：谁抱怨谁走人！

纽约格美公司的销售总监鲍顿先生讲起他的管理之道时，对我说："我评价下属是否合格的标准只有一条，看他对待麻烦的态度。"

格美公司有一位销售经理，曾经因为摆不平客户的事情，跑到鲍顿这里大倒苦水，抱怨公司给的条件不够优惠，客户根本不买账。"不是我们不努力，公司实在拿不出更好的条件去击败竞争对手。"等他诉完苦，鲍顿立马让他去写辞职信。

他的理由很简单："既然我无法改变公司的销售准则，那就只能让他走人，让愿意在这样的销售准则下去毫无怨言地工作的人来坐到这个位置上。"

那位销售经理在抱怨时，也许最不该忘掉的就是，在公司的利益和个人工作难度之间，上司做选择时是绝不会犹豫的。他最应该做的并非质疑公司和倒苦水，而是一直努力尝试，不表现任何不满，并让上司看到自己的恪尽职守。

好处在什么地方？1. 公司看到你尽力了；2. 你表现出了执行力；3. 你没有任何不满。有这三点，即便最后问题没有解决，你也有苦劳，公司仍然不会亏待你，依然会给你表现的机会，而且是好机会。

抱怨一定会让好机会溜走

为什么说没有意义的抱怨一定会让好机会溜走？因为当一个人只顾着发泄情绪时，他就会忽视掉一些问题背后潜伏着的机遇。要知道麻烦通常就意味着"好处"，最受老板赏识的往往就是那些能解决麻烦的人。于是，对抱怨者来说，这种机会来了他也看不到，甚至他还以为这是新的麻烦，潜意识的抗拒心理让他变成了将脑袋埋进沙子的鸵鸟。

长假期间，张军的大学同学阿伟过来找他玩，两人很久没见面了，免不了促膝长谈一番。这一谈不要紧，张军了解到，现在才32岁的阿伟竟然"长期休假"在家了。听起来很可笑，但的确是事实。后来张军从另外几个同学那里知道了事情的原委。

　　阿伟在一家公司上班后，刚开始很受老板的重视，仅仅一年半，就提拔他当了部门经理，说明阿伟的能力确实很强，老板想给他更大的锻炼空间，看他是否是可造之材。不过，他有一个很大的缺点，就是喜欢发牢骚，没事就唠叨几句。

　　这一点老板心知肚明，但起初觉得人无完人，只要他能改正，还是可以重用的。可自从做了部门经理，阿伟不仅没改掉自己的缺点，反而变本加厉了，甚至当着老板的面有时也会抱怨不休。

　　他什么事都抱怨，工作上的问题，生活中的不顺心，薪水太低，下属不听话……凡是能想到的事情，他都喜欢在嘴里走一圈，唠叨两句，简直是一个长舌妇的脾性。渐渐地，他的下属也来告他的状，隔三差五就给老板写信，说阿伟脾气不好，遇到问题不是冷静地解决，而是发泄，吓得员工都不敢找他反映问题了。

　　在这种情况下，老板就开始渐渐地冷落他了，本来想给他加薪的，现在也不加了。到最后，干脆找机会免去了他经理的职务，让他回家休假，等于是逼他自己来辞职。

　　真是活生生的教训，要知道，职场是不欢迎牢骚的，没有哪个老板喜欢爱发牢骚的"刺头"。再说了，既然是工作，每个人都很累，老板也如此，说不定他自己还有冤无处诉呢，只是尽量在控制，你却比他的派头还大，当着他的面还抱怨个不停，他如何能容你？

我的公司有一位员工，也像阿伟一样。只要我在公司，就能听到他在办公室的唉声叹气，抱怨任务重，薪水少，加班时间多，工作没前途。同事就笑着对他说："既然这样，你可以跳槽啊，对面的B公司招聘呢，很适合你的专业，据说待遇挺不错的，每天八小时，从来不加班。"这个员工就不吱声了。然后第二天，他又重复一遍。

开始时我假装听不到，觉得时间长了就好了，他不可能整天这样吧？可是两个月下来，听秘书反映他不但没改正，反而变本加厉。我只好把那个部门的经理叫来，通知他月底让那名员工走人。

他抱怨的那几个问题，事实上在我的公司并不到那种夸张的程度。平均薪资在同行业中处于中游，很符合当时公司的定位；加班时间也在法定标准之内，而且加班费同行业最高；至于说工作前途，应该是他自己的问题，因为公司只能保证优秀员工的前途，以绩效为评价标准，机会公正，但机会不会均摊。

所以，只有无能的人才会抱怨，才总是对别人表示不理解。

有一个经典的故事，很多人都记得：

著名的桑德斯上校在他65岁退休后，身无分文，这时他想到了一份母亲留下的炸鸡秘方。他觉得，下半辈子只能靠这点秘方生活了。于是，他便开始挨家挨户地敲门，告诉每家餐馆："我有一份上好的炸鸡秘方，如果你能采用，我可以教你怎样才能炸得好，怎样使顾客增加……"

很多人并不领情，而且当面嘲笑他："得了吧，老人家，若是有这么好的秘方，你干吗还落魄到这种地步？"言外之意，你为什么没有早发财呢？

每一次的嘲笑都没有让桑德斯心灰意冷，而是让他不断地修正自己的说辞，找出下次能做得更好的方法，以更有效的方法去说服下一家餐馆。他认为，只要自己努力，目标总会达到的；只要方法正确，总会有人接受他的推销。

于是，桑德斯的炸鸡配方最终被一个餐馆老板接受了。你可知先前他被拒绝了多少次吗？整整1009次之后，他才听到了第一声"OK"。

正是因为桑德斯上校把嘲笑当做上进的动力，当别人嘲笑他时，他没有抱怨，而是不断地调整自己，耐心推销，才有了当今名扬世界的快餐连锁企业——肯德基。

1. 那些在职场取得成功的人，往往不是幸运儿，反而只是一些受了委屈从不抱怨公司的人。他们认真想办法解决问题，于是慢慢就成功了。

2. 不要抱怨自己没有机会，你应该扪心自问，当机会来临的时候，我在干什么？我是否认真分析过我的工作能带来什么样的成就？我是否认真思考过怎样才能把工作做到最好，并且抓住每一个可能的机遇，成为行业精英吗？我是否把对别人职位和薪水的羡慕，转化成努力工作的动力，而不是抱怨呢？

3. 当你不停地抱怨时，不妨问问自己："我是千里马吗？"如果你可以用足够的业绩来证明自己，那么一切不是问题；如果不是，那么，就请闭上嘴巴，努力工作。

当你能够明白这三个问题，我相信，你的抱怨声一定会销声匿迹，取而代之的是不断地进取和兢兢业业的工作态度。只有这样，当机会降临在你头上的时候，你才能伸手抓住，不让它溜走。

羊性管理第 **9** 守则

每天进步一点：谦虚助你改变命运

每个同事都是老师

每个人都有自己值得他人学习与效仿的优点，都会有一到两项的素质是强于他人的，哪怕他是敌人。而且越是敌人，我们就越要学习对方的强项并正视自己的弱项。

换言之，一个人要想脱颖而出，就要习惯向最强大的对手学习，在潜伏中学习，到你的竞争对手那里取经，因为他们最清楚你的弱点。只有这样，你才能真正地强大，从潜伏的一只羊，成为一只可以站起来的领导群狼的优秀管理者。

每个人的最高目标其实都是在管理好自己以后再去管理别人，生活中是这样的，工作更是如此。管理一个家庭，管理一家公司，乃至管理一个国家和民族，都一样，没有人可以超越这个概念。我所讲的羊性智慧，归根结底，就是让我们懂得怎样汲取这些方法和智能。因此，自大者通常只能扮演被管理的角色，只有最谦逊的人，才能站到最高的山峰，因为他胸怀宽广可以包容一切，也就具备最强大的力量。

我们举一个最现实的例子，中国的近邻日本就是这样的一个善于学习的民族。一千年前，它向中国学习，并在清朝打败中国；后来，它又向美国学习，并挑战美国。所以日本以一个蕞尔岛国，以它有限的资源和狭小的地理空间，现在却能雄居于世界经济的前三甲。不少人觉得日本民族是狼，我却觉得应该是羊，而且是最聪明的羊。狼只会掠夺，不会建设，日本人却将自己的国家建设得如此强大，这绝不是简单的狼性就能做到的。

但是同时，我们每个人的身上也必定会有一至两项的弱点。没有人可以在所有的方面都达到完美。日本也一样，所以它始终成不了世界第一。对普通人来说，我们一旦发现自己有弱点，他人即可为师，这就是孔子说的："三人行，则必有我师焉。"

1.学习会帮助你成为职场赢家。一个人在职场想要进步，就要熟悉"圈子"里的人和事，比如：我所在的圈子都有什么人，他们的做事风格是怎样的，我应该如何找到自己的立足之地？然后为自己制定最恰当的聪明的策略，在单位不要多嘴，以免惹人烦，最好是保持沉默，多听多看，时刻保持着谦虚的态度，多向身边的人学习业务知识，学习他们身上的好品质，以及多听从老板和上司的指点。在此过程中，服从是第一优先的。先学会服从，再在服从中学习，你才能成为最终的赢家。

2.昔日的同事如今变成了上司，你应该真诚地学习而不是愤愤不平地嫉妒。当同事突然变成你的上司时，你会怎么办？很多人会走两种极端：要么拼命地巴结，像失去尊严的奴仆一样去委曲求全，企望从溜须拍马中得到一点可怜的好处；要么羡慕嫉妒恨，冷眼相看，打死不相往来，把不屑写在脸上。如果是前者，你永远没出息；如果是后者，那你就惨了！虽说不是所有比你成功的人都会利用职权打击不听话的下属，但我保证，这个比例一定不会低于30%。因此，向他学习和请教，既能增加你的实力，让你找到成功的经验，同时还能帮助你避免更大的麻烦。而且，你要相信每个人的成功都是因为他具有独到的优点，是值得你去学习的。如果你能从他们的身上吸取各自的优点，最终转化成自己的优势，你将是一个十分了不起的人物。

3.同事之间，应当互相学习。我们和同事之间应该如何定位呢？有些人总觉得同事就是对手，不但争业绩，还在上司和老板那里争宠爱。就像《杜拉拉升职记》中市场部和销售部的那两位总监一样，作为平级的同事，为了压倒对方一头，打起来没完没了，结果是两败俱伤。何必呢？

像狼一样撕咬的下场通常不是谁赢了，而是都输了。所以，最聪明的人绝不会主动挑起竞争，而是搭建一个沟通与合作的渠道。首先，你要找到自己的缺点，然后去寻找同事的优点，进而用学到的东西弥补自己；比如，我们应该勤于学习他人的工作方法，虚心地接受他人正确的意见，改正自己的某些缺陷，这是可以让你迅速进步的最大秘诀。

在学习中，我们应该时刻带着创新的思维观念，敢于推陈出新，即使摒弃旧的工作方法，大胆创新，也不能有丝毫的犹豫。真正的学习，往往都是从身边做起的，而不是遵照一份伟大的计划。只有从手头的小事做起，才能不断地提升自己的实际能力。

有一部很著名的电影《艺伎回忆录》，演员巩俐在里面扮演的初桃，是一名当红的艺伎，不知有多少人愿意千金买她的一笑，可谓是石榴裙下风流无数，红透了半边天。本来，她的大牌地位可以维持得更长久一些的，但因为章子怡扮演的小百合的出现，又因为杨紫琼扮演的真美羽——这个资深艺伎对于小百合的偏爱和处心积虑的培养，使初桃惴惴不安了。虽然她红颜尚在，余威尚存，可是面对强大的挑战者，她的地位实际上已经岌岌可危。

这时，竞争当然随之开始了。两个女人之间时常针锋相对，水火不容，有她没我，有我没她。初桃和小百合的智慧其实难分伯仲的，我们很难说她们俩谁更出色：初桃不是不精明，不是不刻苦，也不是不狡黠，她只是在性格上不够大度，不愿意胸襟开阔地去面对自己的对手。她在小处上表现出来的拘谨和刻薄，使她失却了大家的风范。所以，她就成了小百合的前车之鉴。

后来新秀小百合从初桃的身上，学习到一名艺伎应该有的风情和老辣，又摒弃了前辈的故步自封，这招叫敌为我用，真正精妙的

"拿来主义",适用于任何一个年代,永远都不会过时。所以,善学习的小百合成了赢家。

这就是说:每个人都可以是你的老师,尽管他是对手,是不共戴天、水火不容的仇敌。因为每一个人都有自己的长处,我们要做的,就是把对手的长处学下来,博采众家所长,使它们成为自己的优点。在工作中跟着优异者悄悄地学习,这可比你花钱去学个EMBA更为上乘,效果更好,回报来得也更快。

最后,你还需要知道,我们在学习的过程中,必须随时留意对手的反应。为什么要留意对手?因为对手也在观察着我们,会对我们的一些得失有所反应和有所流露。对手的反应经常是对我们最有价值的。朋友能给的评价也许很虚伪,对手的评价和反应却经常货真价实,千金难买。你做得好与坏,他们都会在言行举止中表现出来。

所以,当对手的眼睛突然对你流露出笑意,你就得赶紧检讨自己在哪方面出了什么错误;要是对手的眼神一直躲闪着你,你们在办公室遇见了,他也不想跟你说话,冷冷一笑地走开,你就得赶快做好防备,免得被他的流弹打中。当然,当你让对手焦躁不安地坐不住时,说明你这段时间的表现十分合格。

我在深圳公司上班时,曾遇到过一位姓苏的同事。苏经理比我大7岁,平时人也很和气,我刚进公司时,他做了我一段时间的上司,对我十分厚待,给了我不少生活和工作上的照顾与指点。比如,因为我初进公司,对情况不太熟悉,他特意安排了一名老员工与我搭档,缩短了我熟悉工作的时间;生活上,他帮我租了房子,介绍小时工去打理家务,还曾经借给我钱用作紧急之需。

对于这样的同事，你不感激吗？所以当时在我的心目中，苏经理就是我的引路人，各方面都是我的老师，我把他当做自己的榜样来学习。

半年后，他升职了，调任公司的技术部的部长。没过多久，因为能力出色，老板特意提拔我填补了他的位置，成为一个部门经理。这时，我突然发现苏经理与我的关系发生了微妙的改变。

从以前的老师与学生，变成了可见的竞争者。这时的苏部长，不再对我那么热情，而是说话留三分，看我的眼神多了疑虑与警惕。

我很难再从他那里请教经验了，做事时只能自己处理，就算去问他，苏部长也只是打哈哈，在业务上，对我不冷不热。

生活中，我们的关系反而呈现一片"虚假繁荣"。他经常主动给我打电话，请我出去吃饭，并在席间不停地套问我的工作打算。我知道，这是对"野心"的试探，他要确定我在这家公司的目标，然后计算我对他的"威胁"程度。

也许你会说，那是你的带路恩人，当然不能将他视为竞争的目标。但我告诉你，职场最大的一条真理，就在这里：你是不是他的目标，不是由你决定的，也不是由他来决定的。没有人可以在职场决定一切，这就是我为什么强调一定要做羊，不要做狼。再强的人如果争着做狼，他也会被吃掉，被击垮。

你只有做羊，才能躲过打击，并且在潜伏和学习中掌握制胜之道，这就是竞争中的学习。在这个过程中，势均力敌的对手总能在各方面都得到长足的进步，随后即便分出胜负，付出的代价也是最小的。所以，如果我们把目光放长远些，有对手这件事本身就是一种双赢的局面。就像羊群因为有狼的存在而不断地提高警觉性，锻炼自己的智慧一样。

羊性管理第 9 守则
每天进步一点：谦虚助你改变命运

在对与苏部长的关系的处理中，我牢牢把握住了两点：

① 不站在他的对立面，扮好学习者的角色。

② 定位双方的关系：寻找共同利益，而不是零和游戏。

第一，因为我始终在向他学习，处处表现出低他一等的姿态，时间长了，尽管他仍然狐疑，怀疑我的动机不良，但至少他表面上不能打击我，也不会主动压制我在公司的发展，他的策略是防卫，这给我创造了非常好的工作空间，业绩上没有受到影响，发展很顺利；第二，当有利益冲突时，我选择了避让，没有去争夺他在公司的利益空间，比如他是技术部的主管，当涉及技术研发的事情时，我总是将功劳或者相关机会，让给他的部门，不去争利，而且我主动和他的部门联合做一些互利共赢的事情，旨在向他表明：我们是同一阵线，而非你死我活的竞争关系。

结果就是：我和苏部长是双赢。

苏部长很感动，在我升职为公司市场营销部门的总监时，他主动请我吃饭，向我表示祝贺，说："在这个江湖，从来都是只见新人笑，未见旧人哭，小尚，你让我见到了什么是同人之情。"

当老板和公司离不开我时，我当时完全可以打倒他，控制市场与技术两个最重要的部门。但我没有，因为我知道，管理是一种权力的平衡游戏。当我击败苏部长时，我的前途其实也到头了，老板不会容忍我在公司一手遮天。聪明的人如果明白这一点，就会明白，我们在公司向对手学习的目标，并不是击败对手，而是让自己变得不可或缺。所以，应该向任何人学习，并且尊重对方的位置。只有这样，才会有自己稳固的位置。

因此，你想有一个很好的发展空间吗？那就做一只谦虚和不好斗的羊吧！我们也只有不断地谦虚向周围人学习，提高自己的工作能力，才能成为一名优秀的员工，适应公司和社会发展的需要，得到老板的关注和重用。在这其中，提高自己的最好的途径，其实就是从我们身边同事身上学习。在他们身上，往往非常集中地具备了我们所需要的与本职工作相关的经验和优点！

面子是怎么得到的

什么是羊性的谦虚和学习之道？是唯唯诺诺生怕得罪人吗？是不敢出头、不敢为自己争取利益吗？还是始终要弯下腰，不能让人看到自己的一丁点野心？当然不是。在羊文化中，没有任何人是可以独孤求败的。换句话说，我们可能会求助于每个人。他或许是你今天在街头碰到的一位卖报纸的大叔，还可能是你公司对面刚失业的年轻人。说不定哪一天你就需要他的帮助。

所以，学习其实就是一种姿态，是对他人最基本的尊重。并且，这样的姿态和尊重，就是在为自己留下不可估量的未来空间。

一句话，每个人都需要面子，你要记住，尊重别人，你就是在给自己的未来栽下一棵遮风挡雨的大树！

不信？一则来自华尔街的故事早就流传了十几年，就连哈佛商学院的教授也经常拿它出来作为教材，告诉那些志在做番事业的人："当你今天轻视一位落魄者的时候，也许有一天，你就指望着他给你一份新的工作！"

那则故事讲的是：

华尔街的一位银行经理摩尔先生，在上世纪90年代初美国金融业刚经历了一场灾难尚未复苏的时候，他侥幸地保住了自己的工作，每天战战兢兢地去银行上班，生怕哪天就被炒了鱿鱼。那几天，他每次去上班，都会在华尔街的街口看到一位蹲在墙角的老兄——只是蹲在那里，什么都不说，可怜巴巴地望着来来往往的诸位过客。

摩尔知道，这位仁兄一定失业了，兜里估计连一美分都没有，而家里说不定有一堆孩子需要养活。于是，每次从这里经过，摩尔都会停下脚步，轻轻地而且悄悄地放下一美元，生怕别人看见。那个人感激的目光让摩尔觉得，自己做了一件功德无量的好事：不但救济了这个失业者，还保存了他的面子。

两个月后，这个人不见了。摩尔还站在墙角等了他一会儿，也没见到他的身影。摩尔心想：真好，也许他找到工作了，不用再到这里跌份儿地寻求人们的施舍了。从此，他就把这件事忘掉了，依然从事着忙碌而紧张的工作。

三年后，摩尔所在的银行发生了一起融资丑闻，他成了这起丑闻的替罪羊，真的像他担心的那样，卷起铺盖滚蛋了。丢掉这份薪资不菲的工作，摩尔的生活顿时陷入了危机，他没有多少存款，仅有的几十万美元早就在离婚时判给了妻子，他几乎身无分文，就连房租都快交不起了。

他只好在脖子上挂了一块牌子，站在了华尔街头，上面写着：谁能给我一份工作？他心想，只要每个月可以交上房租和填饱肚子就可以了。但是没有人理会他的出现，因为这种事情在华尔街简直太多了，每天都有。这是一个瞬间天堂、瞬间地狱的地方，谁会知道自己的明天会不会跟他一样呢？

大约在第四天的时候，一位中年人从他身边经过，站住了脚步，十分认真地盯着他看。看了一会儿，又向前走过几步，站到他身边，戴上眼镜，仔细地端详着他，同时看着牌子上的字。

摩尔手足无措，还不知道怎么回事，那人开口说话了："先生，我这里有一份工作，急需您的协助，请您到我的办公室谈谈，好吗？"

这人正是三年前摩尔接济过的那位仁兄，此刻，他是一家证券公司的董事会主席。

当我第一次听到这个故事时，首先想到的不是因果循环，而是摩尔先生为什么会得到这份"报恩"的原因：1.他是一个好心人，关键时刻愿意帮助别人，这当然是主要的原因；2.他的善心找对了人，恰巧那个人日后咸鱼翻身，卷土重来；3.他当初接济的方式至关重要，因为他给足了对方面子，这让他给对方留下了极为深刻的印象。

很显然，前两者固然关键，但最重要的还是第三点，因为这体现的是对人格的尊重，这是学习和提升自己的最高境界。对于人来说，没有比对人格的尊重更加重要的东西，这种感激和满足的心理通常能够影响一生，所以摩尔接济过的这位现任董事会主席，才能将此事记得如此清晰，并在自己发达之后，还对摩尔念念不忘，时刻想着要报答他。

我们能够从中汲取到什么有益的经验呢？那就是，没有谁是可以离开其他人在这个星球上独自生存的，因为大家都是"羊群互助体"中的一员。羊群之所以能够生存壮大，是因为羊最擅长的就是互相帮助，每只羊都不具备超出其他的羊的特殊地位。

所以，对于职场中人来说，尤为重要的就是，我们平时的说话做事，不要显得自己是来自火星的另类，离了谁都可以活。多给别人留一些余地，因为说不定哪一天你就能用上他。给别人留余地就是给自己留余地，予人方便也就是予己方便，善待别人同时也是善待自己。

中国有句俗话说得好：傻人有傻福，因为傻人没有心计。和这样的人在一起，免不了身心放松，没有太多的警惕，就能相互靠近。在别人落难时，给他一块钱，许多人会觉得这很傻，但你要知道，傻在很多时候，不但代表了一种宽容和高贵的品格，同时还意味着另一种隐藏的品质：执著和忠贞。

★一个不容置疑的事实是：傻人在无意中得到的，往往比聪明人费尽心机得到的还多。

所以，多给人留一些面子，就等于在为自己积累人脉和可利用的资源。成功需要坚持与积累，与其专注于搜集雪花，我们不如省下力气去滚雪球。滚雪球是一个笨方法，但却是一个可以让自己沉淀和升华优异品格的过程。就像巴菲特说的："人生就像滚雪球，最重要的是，发现很湿的雪和很长的坡。"记住了：散落的雪花会很快融化，化为乌有，只有雪球才更实在，才能长久。

从上面我的论述中你能得到什么？那是一个很重要的问题：我们的面子是怎么得到的？

一个不努力的人，他有没有资格得到别人的尊重？答案是否定的。一个不追求上进、不积极提升自己的人，会有人尊重他并且给他面子吗？答案同样是否定的。

我在费城时，去公司的客户巴蒂先生那里谈一次合作。在事前的了解中，巴蒂是对中国公司很不屑的美国商人，助手告诉我，仅在2008年，他就曾经三次很轻蔑地拒绝过中国的IT公司为他们提供服务。轻蔑就是"没有理由"，拒绝你，但是不说明任何理由，其实就是瞧不起。

在与巴蒂的电话中,他语气生硬:"尚,我知道你们公司的实力,你没有太大的机会,现在放弃还来得及,你的竞争对手有日本公司,还有印度和欧洲的公司。"

我说:"没有问题,只要您给我们一次机会,我们一定表现出公司最大的诚意和全部实力。至于能否合作,那不是我一个人能决定的事情。"

他稍作沉默:"好吧,你现在可以过来。"

60分钟后,我见到了巴蒂先生。他很高大,足有1米90,站在我面前,几乎是在俯视我。那是一种窒息感,比单纯的轻视还要让人难以接受。他的眼神似乎在说,尚,你难道不准备这时就撤退吗?

我没有理会他的表情,所有的努力都围绕着这次合作,我要表现的就是两个字:真诚。巴蒂对我不卑不亢的态度有些始料不及,他可能觉得,中国人都是没有耐性的,也是好面子的,只要受到一丁点不尊重,就会暴跳如雷,摔门而出。他没想到我是如此沉静,专注得好像听不懂那些弦外之音了,只是忙着在说明技术问题,在醉心于技术性的工作。

在我介绍公司准备的方案时,巴蒂一直没说话。等我停下来,他叫我把方案留下,然后送客:"尚,你回去等吧,有消息了我会通知你。"

我笑着说:"好的,巴蒂先生,希望能够顺利合作。"然后告别。

一周后,杳无音信,助手对我说,肯定没戏了,这是沉默的拒绝,我们已经够有面子了,比其他的中国公司得到的待遇好很多,要知道,上个月还有一个中国经理当场就碰了一鼻子灰,都气得骂娘了。助手的建议是:主动打电话,取消合作的可能性。我没有同意,而是做出了另一个选择:将这一周公司的技术人员对方案的修改送过去，而且是我亲自送过去。

出门之前，助手悻悻地说："没见过您这样的老板，至于吗，我们又不是离了他就活不了，他能给我们的业务量，充其量三十万美元。"

助手的判断对于当前是对的，但他忽视了一个至关重要的发展命题：不可视的将来。

我带着方案直奔巴蒂的办公室，他十分惊讶。不是没料到我会再次登门，而是没有预料到，我会在没有初步回音的前提下，对方案做了更加细致的完善，还亲自送了过去。我坐在他面前，仍旧只是就方案本身的一些问题向他说明，丝毫不提竞标的事情，全神贯注地商谈如何才能帮助他的公司解决问题。

20分钟后，巴蒂打破了他自己的沉默，盯着我，一字一顿地说："尚，这个项目是你的了！"

我从那个老顽固身上"得手"的原因，很显然不是方案就比对手出色，而是因为我的态度，让我赢得了他的尊重。于是，我获得了这个订单。随后不久，巴蒂将我介绍给了微软产品市场总监 Forest Key，帮助我的公司成为微软在北美地区的合作客户。

你如果能做到比别人多付出一分努力，就意味着比别人多积累一分资本，就比别人多一次成功的机会。只有一直在付出的人，他才有资本得到"面子"，受到他人的尊重，这是永远不变的道理。其次，平时你需要多给人留一些余地，不要针尖对麦芒，哪怕对方是在有意针对你。因为在做人的方式与方法上，你给人面子，别人终归也会给你面子。无形中，你能够得到的，就会比你想到的更多。

"我已经很出色了吗？"

最后我想说的是，作为一只志存高远的职场羊，你永远不要以为自己已经可以了，即使你刚征服了一座高山。身在职场，我们应该时刻体验和警惕自己的不足，以及发现那些还可以继续改进的地方。我们都知道，这是一个帮助自己向前进步的至理，但事实上，只有1/5的人在取得一定的成功后，还保有更上一层楼的上进心。

有一项在北京、上海和广州等大中城市的调查显示，当"薪水和职位满足生活所需"之后，仍然有学习动力的人，平均下来不到18%。换句话说，我们可以理解为，有高达82%的人，很容易被暂时的幸福所迷惑，对未来的危机和即将出现的人生问题没有意识，也没有马上做出改变的动力。

许多人抱着得过且过的心理，想的只是：现在能胜任就行了，将来需要学习的时候，再说吧！

"我感觉自己可以了，年薪20万，有房子和车子，有股票和基金，每年去新马泰旅游一次，过着悠闲的生活，我为什么还要往上爬？"只要你经常参加一些高级白领的聚会，你就能时而听到这样满足的声音，看到他们怡然自得的表情。

他们觉得自己很出色了，已经是一头掠食成功的狼，无论在公司处于什么地位，将来还会遇到什么挑战，只要现在站稳了脚跟，那么对他来说都不重要。重要的是现在——"我过得很好，已经到了可以享受生活的时候！"

可事实是，大多数人在后来遭到的挫折中之所以不能反败为胜，都是因为他们取得一丁点的成绩就失去了学习的动力。要知道，只有不停地充电和弥补不足，才是我们身在职场、保持优势的最大助力器。一个人需要时刻正确地审视自己的能力，从中发现还有哪些不足，及时利用业余时间填充"职业漏洞"，以便为超越别人做好充足的准备。

哪怕在充电之前就遇到了挫折，这又有什么呢？许多年轻的中国高管，他们都会遇到这种情况。他们的年龄还在黄金期，事业的野心正处于膨胀和扩张的时候，能力却就远远不够用了。这未必是坏事情，保持头脑清醒，补充了足够的能量之后，再拼搏也不迟。

"学然后知不足"，这是《礼记》中的一句话，意思是学习之后才会发现自己不足的地方。对于那些自我感觉弱小或强大的人，这句话都极为适用。每一份工作的升级换挡，都会让我们发现以前所学的知识、所会的技能、所有的经验，逐渐变得不够应付未来的挑战，级别再高的人也是如此。这时，你就需要充电了。

苏秦是战国时代非常著名的策士，和张仪一样，凭借着一张嘴，纵横当时的中国政坛。他和张仪都是纵横家鬼谷子的学生，他们跟随鬼谷子，学会了权谋策略及言谈辩论的技巧。起初，苏秦学成毕业，然后自信满满地到秦国谋职。不料，职场的门槛是这么的难以跨越，即便他这样的牛人，也是出师不利。他向秦王上书推荐自己，连上了10次，秦王都不理他。谋职不成，当然就没有薪水，他穷困潦倒，身上的黑貂皮袄磨破了，钱也花光了，只好黯然地离开秦国回家。

一路上，他打着绑腿，穿着草鞋，背着书箱，挑着行囊，形容枯槁，神色憔悴，一副失魂落魄的模样，就像是落魄而归的乞丐，看起来好不凄惨。苏秦狼狈地回到家以后，家人都看不起他，妻子埋头织布，不正眼瞧他，嫂子不肯给他做饭，连父母都不跟他说话。他十分羞愧，叹息说："老婆不把我当丈夫，嫂子不把我当小叔，父母不把我当儿子，这都是秦国害我的。"

苏秦发愤，一定要闯出一番名堂，重新证明自己！

他开始反思，为什么我学到的本领，不能发挥效果？为什么秦王对我不理不睬呢？我一定有什么地方尚未开窍，学得不到位。他闭门不出，把自己的藏书全部摆出来，然后看着书伤感地说："一个读书人，拜师学艺，埋头苦读，却又不能凭借这些获得荣华富贵，书读再多，又有什么用呢？"随后，他翻出了一部姜太公写的《阴符》来。看到了《阴符》，苏秦突然开悟了，他激动地说："凭这本书里写的，我就能游说当代的国君了。"于是他伏案用功，努力地钻研这一本书。他一边读一边揣摩、演练书中的道理。当他读到疲倦想打瞌睡时，就用锥子刺自己的大腿，鲜血一直流到脚跟，完全进入了一种学习的饥渴状态。

整整闭关一年之后，苏秦已经把游说的策术研究得相当透彻，便前往赵国游说赵王。他以气势磅礴的雄辩、犀利流畅的说辞，得到了赵王的赏识。苏秦就佩戴着赵国的相印，带着锦绣、白璧、兵车等赏赐，风风光光地发挥自己的才华，他说服了齐、韩、魏、楚、燕等六国。六国国王都被苏秦说服了，决定联合起来对付秦国霸权。因为他的存在，在长达15年的时间里，秦国不敢对外动兵，这就是历史上很有名的"合纵"。

苏秦成功的关键，就在于他没有因为师出名门就自傲，也没有因为初次的遇挫就自暴自弃，而是下定决心，用了一整年的时间来充电。他在一年内，不做任何事，每天苦读勤学，并且设定了实用的原则，以即学即用为目的，充电有目标，而不是像寻常的知识分子那样，用做学问的方式去给自己充电。所以，他的学习才取得了巨大的效果！

所以我经常告诉一些心情低落的朋友，暂时的困难没什么大不了，不要像夹起尾巴的狼一样缩在墙角不知道该怎么办才好，应该学会用适当的方式化解焦虑。重要的是，永远不停地学习，以使自己适应变化中的职场环境。

1. 千万不要忘了继续深造。平时在工作时，就不要忘了补充知识，比如参加各类的培训，像规矩的羊那样，将谦虚保持到底，千万别像独狼般自傲和自大，吃饱了这顿没下顿。不过，给自己充电的前提是不能影响工作，不脱行，不辞职，如果你需要出国，在学完之后应该尽快回来，即使老板没有给出具体的培训计划或者相关意图，一只上进的职场羊，也要说服老板给你在职深造的机会。

2. 对新知识和外界信息保持足够的敏感。有时候人在职场的敏感性比他的实际工作能力更加重要，因为大环境的变数太多了，并非能力到了、关系有了，就可以左右一切，对手和外界信息的变化，往往一个微小的因素就能改变局面。因此，我们要学会密切关注竞争对手的动向，带着自信去学习别人，然后带着自卑去超越自己。

3. 遭遇困境时一定要相信自己，自信是最大的法宝。就算没有一个人支持，我们也可以做自己的拉拉队，积累自己向前冲刺的势能。人们都说"势如破竹"，这个"势"其实就是心理能量的积累，它虽可以来自于别人，但更多是来自于自己。其实说到最后，就是一个底线的问题。如果连你自己也不相信自己了，学习再多的技能、能力再强又有何用？根本没有发挥的空间。

4. 利用职业的黄金期，抓紧机会锻造自己白金级别的承受力。什么是白金级别的承受力呢？就是说，一个人无论面对什么状况，都应该宠辱不惊，云淡风轻，心境平和。在对问题的处理中，他应该与自己行云流水的职业技巧相配合，拿出足够强大的抵抗力和爆发力，使他的内心更加强大，不会败在任何困境面前。

要知道，职场上的最大危险是我们自己把自己看低了，遇到一点小麻烦，就觉得我也就这样了，我不可能行的，不可能跨过难关；或者是另一种极端，把自己的现状看得太高，觉得一切尽在掌握，没有他迈不过去的坎。于是，因为自卑和自大，他总是摆不清自己的定位，无法做出最正确的选择。

如果你感觉身在一个行业已经做到了山穷水尽，没什么意思了，你就不能再在这里停留下去，而是应该去开辟新的战场，但要保持你的核心竞争力得到延续的使用，那么，你所开拓的新战场，应该是能够供你的优势充分发挥的肥沃土壤，而不是一片完全陌生的领域。

但是，最重要的是，只要你不急着放弃，当前的职业也不会放弃你。

★职场羊扭转职场乾坤的最好方法，就是充电，只要你懂得时刻充电，你的职业永远不会离你而去。

这是许多职场人在工作了一段时间后，通常会去做的事情。看似很普通的一件事，却是有人欣然往之，有人被迫参加。充电后的效果也各不相同，有人充电后马力十足，职场开辟新天地；有人边充电边漏电，充了也没什么用。

为何会出现这种情况，充电对不同的人带来的效果为什么不一样呢？是不是所有的职场人都必须进行充电？我们怎样才能找到适合自己的进修和充电方式呢？我认为，第一是规划，第二就是具体的方式选择。能否针对自己的需要，做到量体裁衣，关系到最终的事业成败。在充电学习这方面，空有一腔热血是没用的，只有冷静理性地对待，才能顺利地将效果最大化。

先做好职业规划，然后合理地安排充电

首先，充电对于每一个不同的人来说，它的性质都是不一样的，我们要根据个人的职业发展所处的阶段来决定和安排。一个中层的管理者和一个基层的员工都要进行充电，但是很显然，他们两个人所要选用的方式、时间、专业都是不一样的，甚至会有截然不同的区别。

其次，我们有了自己明确的职业规划，才能选择最适合于自己的充电方式。你首先要分析自己当前所处的职位，以及想要达到的境界，判断完成这个目标需要具备什么样的能力。

接下来就有两种可能：

第一，如果你已经具备了这些能力，那暂时就不用再充电了。

第二，如果你不具备这些能力，那就必须要去学习了。

比如，有一个人想要去做企业的法律顾问，但是他自己还没有律师资格证，那么到底要不要考个律师资格证再去找这一份工作呢？这时他就可以作一个市场调查，看看企业招聘法律顾问是否要求一定要有律师资格证。如果十家中有八家都要求了，毫无疑问，他自己也要去考，这是没有其他选择的，一切都应以企业的实际要求为准。

在充电的具体方式上，还有集中学习和日常学习的区别。一般来说，充电学习的是一种知识和一种体系，但是还谈不上是一种拿来即用的能力。日常的学习，是能够很快地把知识和实践结合起来，达到边学边做，这种情况是最理想的。当然有的人可能平时的时间不多，他们就利用长假或是年假期间，来集中学习，就像给手机快速充电一样，这也是可以的，但是从效果上来说就会差一些了。

另外，我们还需要选择培训机构，什么样的培训机构最合适呢？我们要综合考虑该机构的品牌、师资和他们的口碑，特别是后两点是最重要的。现在培训机构的广告满天飞，乱花渐欲迷人眼，经常言过其实，这是我们需要小心的，不要充电不成，还在骗子机构那里损失掉钱财，上了黑心狼的大当。

要避免充电的错误倾向

1.错的时机选择了对的专业

如果专业对口，但时机不恰当，那么我们可以留作备用，将来时机合适了，再来进行充电。专业对口是最重要的基础，时机却可以此兴彼涨，早晚能等到好的机会。

2.对的时机选择了错的专业

如果你的专业是错误的，那么只有一种选择，就是考虑转行。幸福的职场生活，源于将兴趣作为一种职业。一个工作做着痛苦，每天唉声叹气，坚持下去也没什么意思。

3.错的时机选择了错的专业

时机和专业都是错误的，那你就只能重头再来了，因为既不是你的兴趣所在，时间点又不对，坚持下去只能是不撞南墙不回头，不见棺材不落泪。

你不要以为学习和充电就一定是件好事，错的时机、错的专业、错的学习这三种错误，哪一种对你来说都很可能造成巨大的伤害，在做选择的时候，一定要心明眼亮，切忌冲动莽撞。所以我们才说，找对方向是比努力更重要的一种品质。

★时机选择的错误不要犯

我见过不少人是充电狂，他们对于各类培训有着狂热的兴趣。比如有的人刚毕业参加了工作，听说学习MBA很有好处，也不论证一下自己现在是否合适，就急忙跟着去读。其实在这个过程中，他学到的仅仅就是一些让他懵懂的知识，还没有足够的能力将它们转化为实践的技能。这就是学习时机选择的错误。

另外，还有一种学习时间的长短出现了选择错误。有些人觉得自己一边学习一边工作实在太累了，而且达不到很好的学习效果。于是，他就盲目地作出大胆决定，辞职充电，脱产学习。他认为这种长时间的学习充电，效果一定会很好，可以大幅度地提升能力。岂料他已经承担了巨大的风险：如果他学习的是和自己原来的专业毫不相干的科目，那他就会有彻底脱离这个职场的风险了。

★专业选择的错误要小心

还有一些人，他们对于自己今后的职业发展方向不明晰，优柔寡断，不确定到底哪些专业知识是自己以后的职场发展中所需要的。在没有做出正确的判断和分析之前，他就盲目跟风，跟从众人的脚步去学习。

这是职场羊常犯的一种错误：羊群效应。在这种"冲动"之下以及众人的裹挟中所选择的专业，很可能后来才发现和自己的兴趣毫不统一，和自己从事的职业也南辕北辙，根本没有任何的帮助，不知道学了这些知识到底有什么用，但是为时已晚，时间已经浪费掉了。

比如我们常见的"海归"变"海待"的例子。一些人在国内本来发展得不错，薪酬和职位都到了一定的高度，总算熬出头来了，不需要再潜伏，可以大大方方地充当一只管理群狼的职场羊了，成为团队的带头人了。可是当他看到别人从国外回来，就是觉得好，感觉自己还有差距。于是，他也决定要到国外去学习，不管是什么专业都可以。他认为，只要学成回来，自己的眼界见识一定可以比原来高出一大截。可是当他学成回归之后才发现，所学的专业和自己过去的专业没有任何的一致性。时间浪费了不说，也导致他很长时间不能回到之前已经取得的地位，等于一个选择的错误，葬送了过去几年甚至十几年的努力！

最后我要说的是，充电不一定就是为了学习新的技能，拥有多么超前时代的知识，也不一定是为了开展新的职业生涯规划，而是通过这种行为和目标告诉自己，我们既然身在职场，就得像电池一样随时充电，保持着足够的蓄电状态，一旦接上机器，就能立刻产生强大的动力。

就像旅美的台湾棒球好手陈金锋，他每次返台休假，所做的事情不是在家睡大觉，去影院看电视，陪朋友吃大餐，而是每天随着统一狮职棒队，来到球场做打击训练或者挥棒练习。他绝对不是比赛或者训练狂，也并非指望这些自主的训练增进他打击的技巧或者爆发力，而是抱有一个非常积极的目标：让自己尽可能保持原来的状态，等到来年春训时，他可以很快地进入状态，在受训时为自己挣得更大进步的空间。

对我们来说，何尝不是如此？让自己始终保持一个学习和充电的状态，如此一来，我们就能用最积极的心态和准备去面对工作，处理生活中的每一个问题。当你将这样的习惯变成一种生存本能时，你将能很快从潜伏的姿态崛起，成为真正领导群狼的优秀人物！

[完]

图书在版编目(CIP)数据

办公室升职笔记 / 尚文 著. – 重庆:重庆出版社，2011.8
ISBN 978-7-229-04399-5

Ⅰ.①办… Ⅱ.①尚… Ⅲ.①职场类—通俗读物
Ⅳ.①B821-49

中国版本图书馆 CIP 数据核字(2011)第 150032 号

办公室升职笔记
BANGONGSHI SHENGZHI BIJI

尚文　著

出 版 人：罗小卫
策　　划：华章同人
特约策划：韦　一
责任编辑：陈小丽
特约编辑：舒晓云
责任印制：杨　宁
封面设计：方子豪

重庆出版集团
重庆出版社　出版
(重庆长江二路 205 号)

北京联兴盛业印刷股份有限公司　印刷
重庆出版集团图书发行公司　发行
邮购电话：010-85869375/76/77 转 810
E-mail：bjhztr@vip.163.com
全国新华书店经销

开本：787mm×1092mm　1/16　印张：16　字数：185千
2011年9月第1版　2011年9月第1次印刷
定价：28.00元

如有印装质量问题，请致电023-68706683

版权所有，侵权必究